"十三五"应用型人才培养规划教材

普通铣工理论与实操

◎ 张富建 主 编

张马俊 邝晓玲 陆伟漾 副主编

清华大学出版社

北 京

内 容 简 介

本书紧紧围绕《国家职业标准——铣工》,以职业院校机械类专业为基础,并参照企业技术工人实际操作,从生产实际出发,以专业技能为主线编写。按照"校企合一"全新教学模式,有针对性地介绍铣工职业道德与安全生产以及普通铣工应掌握的理论知识和操作技能。本书配有"校企合一"实操训练题;实操题目配有坯料尺寸、工具、量具、刃具清单以及相应的评分标准,并且介绍加工工艺、操作注意事项,配套重点内容的高清图片和主要操作过程的视频。本书包含世界技能大赛"制造团队挑战赛"中难度较大的普铣加工项目介绍,包括"制造团队挑战赛"普铣加工项目集训试题的图纸、工量刃具清单、说明等,本书附企业铣工竞赛实操试题,供广大学者参考。

本书具有较高的使用价值,是铣工操作人员的必备用书,可作为中、高职及高校机械类专业师生、职业技能鉴定培训机构相关专业学员用书,也可供相关专业技术人员上岗前培训、作为企业工人技术等级考核使用,可作为世界技能大赛"制造团队挑战赛"普铣加工项目训练参考使用。

图书在版编目(CIP)数据

普通铣工理论与实操/张富建主编. —北京:清华大学出版社,2018
("十三五"应用型人才培养规划教材)
ISBN 978-7-302-50832-8

Ⅰ. ①普… Ⅱ. ①张… Ⅲ. ①铣削—中等专业学校—教材 Ⅳ. ①TG54

中国版本图书馆 CIP 数据核字(2018)第 172995 号

责任编辑:王剑乔
封面设计:刘 键
责任校对:袁 芳
责任印制:丛怀宇

出版发行:清华大学出版社
      网 址:http://www.tup.com.cn,http://www.wqbook.com
      地 址:北京清华大学学研大厦 A 座 邮 编:100084
      社 总 机:010-62770175 邮 购:010-62786544
      投稿与读者服务:010-62776969,c-service@tup.tsinghua.edu.cn
      质量反馈:010-62772015,zhiliang@tup.tsinghua.edu.cn
印 装 者:三河市铭诚印务有限公司
经 销:全国新华书店
开 本:185mm×260mm 印 张:9.75 字 数:220 千字
版 次:2018 年 9 月第 1 版 印 次:2018 年 9 月第 1 次印刷
定 价:30.00 元

产品编号:080382-01

　　根据取消部分职业资格证通知的指导精神,开发有针对性、可行性强的教材成为当务之急。为了进一步适应新的教育教学改革,更加贴近教学实际,满足学生需求,我们组织一批有丰富教学实践经验的一线教师,结合目前教学设备改善:多媒体教学普及给"一体化教学"提供了条件;结合目前新的形势:采用"一体化教学"和"校企合一""产教融合"的模式办学,依据最新的国家职业技能鉴定标准和教学大纲,坚持以就业为导向,面向社会、面向市场,围绕经济社会发展和职业岗位能力的要求编写了本书,为学生毕业后在机械类各专业间转岗奠定了最基本的知识和技能基础。

　　本书在结构上通过操作实例,详细介绍了整个操作过程,并采用图文和视频结合的表现形式,使学生轻松地掌握技能。编写时认真总结了本校及兄弟学校关于本课程教学内容和课程体系教学改革的经验,借鉴了国内兄弟学校"校企合一"的最新成果,参考部分企业培训、考核和实际工作内容,参考世界技能大赛训练及选拔赛等资料,结合编者的教学实践经验,以目前中、高职学校铣工实习条件和设备为基础,以铣工职业道德、生产安全知识及实际工作内容为主线,根据本专业特色、企业岗位的需求,结合世界技能大赛"制造团队挑战赛"中难度较大的普铣加工项目等情况,选材的零件载体与企业的生产实际、竞赛实际联系紧密,实用性和可操作性强。

　　由于篇幅有限,本书在章节具体内容的处理上,以必须和够用为原则:内容作了必要的精简,以理论为引导,围绕实践展开,删繁就简。针对目前职业类学生的基础和学习特点,打破原来的系统性、完整性的旧框架,实习依据理论设置,着重培养学生实践动手的能力及解决问题的能力,由最简单的理论知识、安全知识、基本操作到强化综合技能训练,理论知识和实训内容紧密结合当前的生产实际,及时将新技术、新工艺、新方法纳入本书,将目前企业的实用知识编入本书,为学生今后就业及适应岗位打下扎实的基础。

　　本书由张富建任主编,张马俊、邝晓玲、陆伟漾任副主编;蔡文泉任主审;实操工艺介绍部分、世界技能大赛"制造团队挑战赛"普铣加工项目资料由陆伟漾整理;书中配套视频由张富建、张马俊拍摄。本书编写、审定过程中,周海蔚、程豪华、刁文海、谢子川、郭秀明、郭欣霖、杨赞弘、陶涛等教师及参与世界技能大赛选拔赛的学生李超红、董锐琦、邹阳等提出了许多宝贵意见并给予了大力支持、指导和帮助;学生们提供了部分考证图文资料;学生杨楚辉、陈慧琪、李佳楠分别参与视频拍摄、图片整理、视频剪辑;广东技术师范大学机电学院黄景辉参与图片编辑,暨南大学新闻与传播学院刘付权振、广州美术学院工业设计学院孔垂琴、广东技术师范大学钟隆华等参与视频剪辑,在此一并致谢!

　　由于时间仓促,本书涉及内容较多,新技术、新装备发展较迅速,加之编者水平有限,书中疏漏之处在所难免,恳请广大读者提出宝贵意见和建议,以便修订时进一步完善。

编　者

2018 年 5 月

绪　论

本章要点

什么是"校企合一"教学模式？"铣工"的含义是什么？为什么要学"铣工"？企业里面"铣工"是怎样工作的？怎样学习"铣工"？本章将作介绍。

0.1　"校企合一"教学模式的定义

"校企合一"教学模式是指在教学过程中，推行"学校即企业，课堂即车间，教师即师傅，学生即员工"的人才培养模式。利用"校企合一"和产教结合，开展课程和教学体系改革，与企业共同制定教学计划、教学内容，实行"产学研"结合，完成教育教学从虚拟→模拟→真实的无缝过渡，"零距离"实现学生到企业员工身份的转变。教学方面坚持以就业为导向，以工作过程为主线，将教学安排变成员工培训模式，按生产实操过程、工艺流程进行，根据工作过程，将实操作业按零件加工工艺来考核，实现知识学习到技能培训的转变。实操管理方面推行企业化管理，学生方面实行按企业员工管理。学生实质上具备双重身份，一是学生身份；二是员工身份。对学生的规范管理要有具体要求，对学生采用企业对员工货币奖惩方式来进行考核，变虚拟的扣分形式为真实的货币奖惩形式，实现学生向员工的观念的转变。

0.2　"铣工"的含义

在科学技术迅速发展的当代，新技术、新工艺不断涌现，但金属切削加工在机械制造业中仍然占有极其重要的地位。绝大多数的机械零件需要通过切削加工来达到规定的尺寸、形状和位置精度，以满足产品的性能和使用要求。在车、钳、铣、镗、刨、磨等诸多切削加工中，普通铣削加工是最基本、应用也较广泛的工种之一。

普通铣工（如无特别说明，本书普通铣削加工全部简称铣工）是通过工人操纵铣床从毛坯上切去多余的金属材料，以获得尺寸精度、形状精度、位置精度和表面粗糙度完全符合图样要求的零件。铣床在机加工历史上出现较早，现在类型也比较多，铣床主要是指用铣刀对工件多种表面进行加工的机床。通常铣刀以旋转运动为主运动,工件和铣刀以曲线或直线移动为进给运动。它可以加工平面、沟槽,也可以加工各种曲面、齿轮等。

铣床具有广泛的使用性,在铣床上可以加工平面(水平面、斜面、垂直面)、沟槽(键槽、T形槽、燕尾槽等)、分齿零件(齿轮、花键轴、链轮)、螺旋形表面(螺纹、螺旋槽)及各种曲面。此外,还可用于对回转体表面、内孔加工及进行切断工作等。铣床在工作时,工件定位并装夹在工作台上或分度头等附件上,铣刀旋转为主运动,辅以工作台或铣头的进给运动,工件即可获得所需的加工表面。由于是多刃断续切削,因而铣床的生产率较高。简单来说,铣床是可以对工件进行铣削、钻削和镗孔加工的机床。铣削加工是机械加工中最常用的一种加工方式,在机械制造工业中占有重要地位。

0.3　学习"铣工"的目的

今天,随着生产技术的发展,几乎所有形式的通用机床都有其相应的数控机床存在,数控铣床使用越来越广泛,并且有逐步取代普通铣床的趋势,但是普通铣床有其自身特点:普通铣工操作简单、灵活,普通铣削的基本原理是其他切削加工基本原理的基础,也是学习数控铣床的基础,在自动化生产普及的今天铣工地位依然重要。

从《国家职业标准——铣工》可以看出,铣工是机械类专业的一门主课,是一门不可缺少的课程。除了基本操作外,还包括铣床的维护和保养、铣床易损件更换及常见故障处理,铣工新工艺、新技术的应用等。铣工作业的质量和效率在很大程度上取决于操作者的技能和熟练程度。

我们也认识到学生刚从初(高)中走进中(高)等职业学校,极少或从未接触过机械工程知识,其工艺知识、操作技能几乎空白,更不必说具备创新能力,所以铣工学习前必须先学习《金属材料学》《机械制图》《公差与配合》《车工理论与实操》等课程以及熟悉常用量具(游标卡尺、千分尺等)的使用,还必须加强对铣工职业道德、生产安全知识、基础知识的了解和基本技能的训练,加深对刀具及所用设备的认识、了解其用途及正确的使用方法。在此基础上通过丰富实操内容使学生在较短的时间内获得零件加工的工艺知识、锻炼动手能力、培养创新意识。

虽然铣工不是特殊工种(不需要持操作证上岗),但是铣工是一个需要特别注意操作安全的工种,刻苦耐劳的同时务必遵守有关操作规程。在此也提醒读者,铣工实操是一门比较消耗精神和体力的实操课程,过程很累也很枯燥。本书在编写过程中,曾经走访过多位一直从事铣工工作的退休老师傅,听取他们对本书编写的建议,他们曾开玩笑说:"一位从事铣工工作的工人,如果直到退休,还没有碰坏一把铣刀,那么他就是一位非常成功的铣工师傅了。"由此可见,铣工操作安全的重要性。本书将用较大篇幅介绍铣工操作安全知识,特别是铣工安全操作规程和注意事项,希望引起读者重视。

铣工"校企合一"教学有别于传统的教学。它是将理论教学与实践教学、学校学习内容与企业工作内容有机地融合在一起进行的一种教学方式,它是以理论与实践相结合,教学与生产相结合为方向,以强化综合技能训练为重点,以生产实践教学为主线,以专业理论、文化课为基础，以课外指导和自学方式为辅助的全方位、综合型的教学方式。

目前的世界技能大赛"制造团队挑战赛"中有普铣加工内容。世界技能大赛"制造团队挑战赛"项目，每个参赛队由 3 名选手组成，分别是产品设计方向选手、数控加工专业方向选手和综合制造专业选手，涉及设计、加工制造和装配调试三个技术领域；要求选手掌握制图技术，具备普铣加工等机械加工能力，具有钣金技术，了解电子工程知识，具备焊接技术并能进行设备及工件装配。在第 43 届世界技能大赛"制造团队挑战赛"项目中，中国代表队玉海龙、林春泷、钟世雄获得"制造团队挑战赛"项目金牌；第 44 届世界技能大赛于 2017 年 10 月在阿联酋阿布扎比举行，中国代表队获得"制造团队挑战赛"项目铜牌。

0.4　企业里面"铣工"的工作内容

铣工属于技术工，不需要特别高的学历，但是要对接触的知识多问多记。铣工也是一门比较繁杂的技术，要达到比较高的技术等级，要经过长时间不懈的努力才能获得。目前在企业工作的铣工一般是以下几种。

（1）手动铣床操作：能按照设计图样熟练操作生产一个零件或者加工一个工序，这个相对较容易。

（2）数控铣床操作：一般就是给铣床做一些辅助工作，例如编写加工程序，操作数控铣床按照加工程序生产一个零件或者加工一个工序等。这个相比手动铣床操作较为舒适。

（3）铣床维修：对铣床进行简单维修和日常维护工作。这个较难，需要经验积累。

（4）高级维修：在企业里负责机床设备维修或进入专业维修公司（包括机床生产公司售后服务），对其企业自己不能修理的机床进行有偿服务。这个比较难，需要毅力、经验、专业培训等。

"铣工"主要工作过程如下。

（1）工艺（工作）准备。

① 绘图或阅图，识读三图一卡（装配图、零件图、工序图、加工工艺卡）。

② 识读加工工艺或制定加工工艺卡。

③ 毛坯材料、工具、刃具、量具的准备。

（2）工件定位与装夹。

（3）工件加工。

（4）工件测量与检验。

（5）设备保养。

0.5　学习"铣工"的方法

要成为一名优秀的铣工，首先应掌握好各项基本操作技能，包括铣削基本知识、金属切削刃具知识、金属切削原理、简单零件的平面、沟槽、分齿零件、螺旋形表面及各种曲面的定位与装夹。其次,要经常改进刃具和拟定加工工艺,不断提高产品质量和提高劳动生产率,逐步实现操作的半自动化和自动化,这对减轻劳动强度,保证产品质量的稳定性及提高生产率和经济效益,都具有十分重要的意义。在铣工"校企合一"教与学过程中,主要有以下环节。

第一,理论讲解:对每个章节、每个课题、每项操作技能,教师(师傅)先作理论讲解,包括企业实际的工作要求、本章节安全注意事项等,同时讲解内容本着实用、够用的原则,围绕实践进行。讲解时结合实际操作,联系生产实际,使学生(员工)加深对工作原理的认识,了解安全知识和操作过程,掌握操作要领,有了初步的理性认识,动手操作时就会做到心中有数。

第二,示范操作:考虑到学生(员工)处于入门阶段,在操作练习前,教师(师傅)应对主要环节进行工艺介绍,并且示范操作,在示范操作过程中应结合已学过的理论知识对一些关键环节作进一步分析、讲解。示范过程应做到步骤清晰,工艺规范,动作到位,分解合理。

第三,自我操作训练与教师巡回指导:实践是检验真理的唯一标准,也是提高学生创造力的主要途径。为此,要求每个学生对所学过的教学课题进行动手操作,通过亲自操作练习,学生能获得切身体会,加强感性认识。当然,要达到熟练掌握,还应结合实际情况合理安排操作练习次数。教师在学生操作时加强巡视指导,以便及时发现、纠正操作过程中出现的问题,特别要重视安全文明生产的教育和巡视。

第四,"校企合一"操作训练:给出零件图样,由学生按照企业加工模式进行加工,并且按照有关要求考核。

第五,总结讲评:学生加工工件结束后,先对工件进行自评,然后教师再进行评分考核。教师应针对学生的工件制作情况以及操作过程(特别是安全问题)及时进行总结、讲评及讨论,通过教师的总结讲评,可让学生了解自己的不足,明确今后努力的方向。同时,又能促使学生互相取长补短,相互激励,提高学习的积极性。

第六,巩固训练:时间和条件允许的情况下,要进行巩固训练。

第1章

职业道德和安全知识

本章要点

熟悉岗前培训内容,包括职业道德、安全知识、本岗位工作知识和本单位的规章制度等。

学习目标

能够叙述铣工安全操作规程及相关安全文明生产知识。

学习建议

遵守职业道德,遵守有关安全操作要求,并且达到三个要求:一是确保人身安全要求;二是设备安全要求;三是获得安全的基本知识,为将来的发展作准备。

1.1 职 业 道 德

职业道德是从事一定职业的人在特定的工作和劳动中所应遵循的特定的行为规范。职业道德不仅是从业人员在职业活动中的行为标准和要求,而且是本行业对社会所承担的道德责任和义务。没有职业道德,再好的技术也没用,技术越高对社会造成的危险可能会越大。

职业道德是社会道德在职业生活中的具体化。它涵盖了从业人员与服务对象、职业与职工、职业与职业之间的关系。不论从事什么工作,都有职业道德问题。卖菜的短斤缺两、卖粮的掺沙子、卖肉的注水等都是缺乏道德意识或道德意识浅薄的表现。可以说,一个社会的文明水平,一个人的文明水平,在相当程度上取决于职业道德意识的强弱和深浅。

劳动创造财富,安全带来幸福;质量是企业的生命,安全是职工的生命。安全生产取决于人,旨在保护劳动者的生命安全和健康,体现了以人为本的先进思想和科学理念,经济发展绝不能也不可能以牺牲劳动者生命安全为代价。作为一名技术工人,也要把安全第一落到实处,把预防为主放在各项工作的首位,时刻注意安全,真正做到珍爱生命,安全生产。

坚持德育为先,把社会主义核心价值体系融入学习全过程,树立中国特色社会主义共同理想,弘扬民族精神、时代精神,爱岗敬业、诚实守信。

1.1.1　职业道德概述

首先,在内容方面,职业道德总是要鲜明地表达职业义务、职业责任以及职业行为上的道德准则。它不是一般地反映社会道德和阶级道德的要求,而是要反映职业、行业以至于产业特殊利益的要求;它不是在一般意义上的社会实践基础上形成的,而是在特定的职业实践的基础上形成的,因而它往往表现为某一职业特有的道德传统和道德习惯,表现为从事某一职业的人们所特有的道德心理和道德品质,甚至造成从事不同职业的人们在道德品貌上的差异。如人们常说,某人有"军人作风""工人性格""农民意识""干部派头""学生味""学究气"等。

其次,在表现形式方面,职业道德往往比较具体、灵活、多样。它总是从本职业交流活动的实际出发,采用制度、守则、公约、承诺、誓言、条例,以至于标语口号之类的形式,这些灵活的形式既易于为从业人员所接受和实行,而且易于形成一种职业的道德习惯。

最后,从调节的范围来看,职业道德一方面是用来调节从业人员内部关系,加强职业、行业内部人员的凝聚力;另一方面也是用来调节从业人员与其服务对象之间的关系,用来塑造本职业从业人员的形象。

1.1.2　职业道德的特点

通过概述不难看出职业道德具有以下特点。

1. 职业道德具有适用范围的有限性和针对性

每种职业都担负着一种特定的职业责任和职业义务。由于各种职业的责任和义务不同,从而形成各自特定的职业道德的具体规范。有限性是指职业道德不像社会公德,不是对社会全体成员的共同要求,它只适用于从事职业的人,对于没有职业的儿童、学生及其他没有工作的人,都是不适用的。针对性是指不同行业的职业道德要求是针对本行业的特点确定的,只能在本行业发挥作用,不同行业的职业道德一般不能互相通用。

2. 职业道德具有发展的历史继承性

由于职业具有不断发展和世代延续的特征,从事同一职业的人由于长期有职业生活,往往会形成一些共同的、比较稳定的职业心理、职业习惯和职业品德。不仅其技术世代延续,其管理员工的方法、与服务对象打交道的方法,也有一定历史继承性。只要某种职业存在,与之相适应的职业道德就是不可缺少的。

3. 职业道德表达形式多种多样

随着社会的发展,社会具体行业和岗位的划分越来越细,职业道德的内容越来越丰富,地位越来越重要。由于各种职业道德的要求都较为具体、细致,因此其表达形式多种多样。常见的形式有制度、章程、守则、公约、须知、誓词、条例等,甚至也可以采取更为简便的标语、口号、标牌、对联等形式。

4. 职业道德兼有严格的纪律性

纪律也是一种行为规范,但它是介于法律和道德之间的一种特殊的规范。它既要求人们能自觉遵守,又带有一定的强制性。就前者而言,它具有道德色彩;就后者而言,又带有一定的法律色彩。就是说,一方面遵守纪律是一种美德;另一方面遵守纪律又带有严格性,具有法令的要求。例如,工人必须执行操作规程和安全规定;军人要有严明的纪律等。因此,职业道德有时又以制度、章程、条例的形式表达,让从业人员认识到职业道德又具有纪律的规范性。

1.1.3 职业道德的作用

职业道德是社会道德体系的重要组成部分,一方面具有社会道德的一般作用;另一方面又具有自身的特殊作用,具体表现如下。

1. 调节职业交往中从业人员内部以及从业人员与服务对象间的关系

职业道德的基本职能是调节职能。一方面,职业道德可以调节从业人员内部的关系,即运用职业道德规范约束职业内部人员的行为,促进职业内部人员的团结与合作。如职业道德规范要求各行各业的从业人员都要团结、互助、爱岗、敬业、齐心协力地为发展本行业、本职业服务。另一方面,职业道德又可以调节从业人员和服务对象之间的关系。如职业道德规定了制造产品的工人要怎样对用户负责;营销人员怎样对顾客负责;医生怎样对病人负责;教师怎样对学生负责等。如工人、营销人员、医生、教师做不到这些要求,他们之间势必产生矛盾,这些矛盾都是由职业道德引起的,所以只能通过职业道德解决。

2. 有助于维护和提高本行业的信誉

一个行业、一个企业的信誉,即它们的形象、信用和声誉,是指企业及其产品与服务在社会公众中的信任程度,提高企业的信誉主要靠产品的质量和服务质量,而从业人员职业道德水平高是产品质量和服务质量的有效保证。若从业人员职业道德水平不高,很难生产出优质的产品和提供优质的服务。

3. 促进本行业的发展

行业、企业的发展有赖于高的经济效益,而高的经济效益源于高的员工素质。员工素质主要包含知识、能力、责任心三个方面,其中责任心是最重要的。而职业道德水平高的从业人员其责任心是极强的,因此,职业道德能促进本行业的发展。

4. 有助于融洽人际关系,提高全社会的道德水平

职业道德是整个社会道德的主要内容。社会是各行各业有机结合的统一体。在社会主义社会中,大家都是国家、社会的主人,劳动既是为自己,也是为社会、为他人。一方面,职业道德涉及每个从业者如何对待职业,如何对待工作,同时也是一个从业人员的生活态度、价值观念的表现;是一个人的道德意识、道德行为发展的成熟阶段,具有较强的稳定性和连续性。另一方面,职业道德也是一个职业集体,甚至是一个行业全体人员的行为表现，如果每个行业、每个职业集体都具备优良的道德，对整个社会道德水平的提高肯定会发挥重要作用。

1.1.4　职业道德的基本规范

职业道德不是离开社会道德而独立存在的道德类型。职业道德与社会道德的关系是特殊与一般、个性与共性的关系。

社会主义职业道德是在社会主义道德原则指导下发展起来的，它继承了历史上优秀的职业道德传统，是人类历史上最进步的职业道德。在社会主义社会，各行各业的职业道德内容虽有不同，但都有一些共同的、基本的规范。

（1）爱岗敬业：爱岗与敬业是相互联系的，不爱岗就很难做到敬业，不敬业也很难说是真正的爱岗。提倡爱岗敬业，就是提倡"干一行，爱一行"的精神，实质就是提倡为人民服务的精神，提倡爱集体、爱社会主义、爱国家的精神。如果每个人都能够做到爱岗敬业、尽职尽责，每个岗位上的事都将办得更好、更出色，社会主义事业就会欣欣向荣。只要用真情去做好本职工作，敬业精神就会发扬光大，就会得到社会的尊重和赞扬。相反，那种对工作不负责任、这山望着那山高的人是不道德的。

（2）诚实守信：诚实守信尽管自古就存在，但是今天对它的需要尤为突出、迫切。对于企业、集团公司来说，诚实守信的基本作用是树立自己的信誉，树立值得他人信赖的道德形象。改革开放以来，特别是实现社会主义市场经济以来，社会生活发生了前所未有的变化，这些变化使得交往双方都把对方的信誉看得很高。谁的信誉高，谁在竞争中就能占据优势地位，信誉被视为企业的生命所在，对于从业者个人来讲也具有同样道理。因此，诚实守信作为职业道德规范是与职业良心联系在一起的，做人要讲良心，职业道德中要有职业良心。要做到诚实守信，从职业道德的角度讲，很重要的就是要靠职业良心来监督。

（3）办事公道：办事能否公道，主要与品德相关。在今天，坚持原则、不徇私情、不谋私利、不计个人得失、不惧怕权势，就是为了维护国家、人民的利益，为了维护社会主义事业的利益。办事公道作为职业道德，从利益关系的角度说，就是以国家、人民利益为最高原则，以社会主义事业的利益为最高原则。

（4）服务群众：服务群众就是全心全意地为人民服务，一切以人民的利益为出发点和归宿。人生价值在服务群众中得到实现、市场经济呼唤服务精神、社会文明需要服务精神。

（5）奉献社会：有助于培养社会责任感和无私精神，能充分实现自我价值。坚持把公众利益、社会利益摆在第一位，这是每个从业者从业行为的宗旨和归宿。

1.1.5　本行业职业道德要求

各行业的工作性质、社会责任、服务对象和服务手段不同，因此每一行业都各有各的职业道德规范，这就是行业职业道德规范，它是职业道德基本规范在这一行业的具体化。

按照产业划分：第一产业为农业，第二产业为工业和建筑业，第三产业是除第一、第二产业以外的其他各业。由此可知,从事铣工等技术工作属于第二产业。在工业发达的国家,一般都把信息当作社会生产力发展和国民经济发展的重要资源,把信息产业作为所有产业核心的新型产业群,称为第四产业。

本行业的职业道德要求:质量第一,信誉第一;遵规守纪,安全生产;爱护设备,钻研技术;热心为用户服务,不谋取私利。

(1)质量第一,信誉第一:第二产业的劳动目的是为社会提供物质产品,因此就必须保证这些物质产品是合格品、优质品。企业凭借质量优势,从而在市场上赢得竞争力。

(2)遵规守纪,安全生产:劳动纪律是为生产过程顺利进行而制定的。它对保障正常生产秩序,提高劳动生产率有重要作用。每一个劳动者都应该努力培养高度的组织性和纪律性,维护生产秩序,服从生产指挥,在工作中,把全部精力用于生产劳动中去。没有安全,就没有生产,作为一名技术工人,也要把安全第一落到实处,把预防为主放在各项工作的首位,时刻注意安全,真正做到珍爱生命,安全生产。

(3)爱护设备,钻研技术:设备是生产的工具,没有设备,就无法生产。爱护生产设备,坚持文明生产。钻研技术、精通业务不只是对劳动者的自身要求,也是社会发展的必然要求。现代科学技术成果在生产上的大量应用,先进设备和现代化管理思想、管理方法的广泛采用,都要求劳动者努力学习科学文化知识,不断提高技术和业务水平。

(4)热心为用户服务,不谋取私利:树立共产主义远大理想,树立共产主义的世界观和人生观;热爱祖国、热爱社会主义、热爱共产党、热爱集体事业、热爱本职工作;积极做好本职工作;充分发挥主动性、积极性和创造性,热爱劳动、各尽所能、发扬共产主义劳动态度;关心集体,关心同志,尊师爱徒,团结互爱;积极参加企业民主管理,讲求工作实效,提高产品质量,降低生产成本;顾全大局,勇挑重担,个人利益服从集体利益和国家利益,暂时利益服从长远利益,局部利益服从整体利益。

1.1.6　职业道德的自我培训

职业道德修养是一个从业人员形成良好职业道德品质的基础和内在因素。一个从业人员只知道什么是职业道德规范而不进行职业道德修养,是不可能形成良好职业道德品质的。人们要做好本职工作,不但要树立职业理想,端正劳动态度,还必须培养职业良心。

1. 职业道德修养

人的一生是一个不断学习和不断提高的过程,因而也是一个不断修养的过程。所谓修养,就是人们为了在理论、知识、思想、道德品质等方面达到一定的水平,所进行自我教育、自我改善、自我提高的活动过程。修养是人们提高科学文化水平和道德品质必不可少的手段。

所谓职业道德修养,是指从事各种职业活动的人员,按照职业道德基本原则和规范,在职业活动中所进行的自我教育、自我改造、自我完善,使自己形成良好的职业道德品质和达到一定的职业道德境界。

2. 职业道德与人自身的发展

(1)人总是要在一定的职业中工作生活,职业是人谋生的手段,从事一定的职业是人的需求,职业活动是人全面发展的重要条件。

(2) 职业道德是事业成功的保证,没有职业道德的人干不好任何工作;职业道德是人事业成功的重要条件,职业道德是人格的一面镜子:①人的职业道德品质反映着人的整体道德素质;②提高职业道德水平是人格升华的重要途径。

3. 职业道德行为养成的方法

(1) 在日常生活中培养:从小事做起,严格遵守行为规范。从自我做起,自觉养成良好习惯。

(2) 在专业学习中练习:增强职业意识,遵守职业规范。重视技能练习,提高职业素养。

(3) 在社会实践中体验:参加社会实践,培养职业情感。学做结合,知行统一。

(4) 在职业活动中强化:将职业道德知识内化为信念。将职业道德信念外化为行为。

职业道德修养的方法多种多样,除上述职业道德行为养成外,概括起来,还有以下几种。

(1) 学习职业道德规范,把握职业道德知识。

(2) 努力学习现代科学文化知识和专业技能,提高文化素养。

(3) 经常进行自我反思,增强自律性。

1.1.7　铣工职业守则

(1) 遵守国家法律、法规和有关规定。

(2) 具有高度的责任心,爱岗敬业,团结合作。

(3) 严格执行相关标准、工作程序与规范、工艺文件和安全操作规程。

(4) 学习新知识、新技能,勇于开拓和创新。

(5) 爱护设备、系统及工具、夹具、刀具、量具、产品。

(6) 着装整洁,符合规定。

(7) 保持工作环境清洁有序,文明生产。

1.2　安全知识与劳动保护

1.2.1　安全的意义

安全是什么? 对于一个人,安全意味着健康。对于一个家庭,安全意味着幸福。对于一个企业,安全意味着发展。古语道:"千里之堤,溃于蚁穴",意思是说虽然是小问题,却有可能导致全局的失败。如果我们把企业的经营发展比做千里之堤,那么出现的安全问题就是小小的蚁穴,安全工作做不好,一切工作都将毫无意义。

企业的最终目的是获得经济利益,安全就是最大的利益。安全是最大的节约,任何忽视安全隐患的做法,势必会给企业带来巨大的经济损失。从这个意义上讲,安全就是财富、就是资源,就是生产力。所以就企业而言,安全应置于一切工作的首位,全体员工不能有丝毫松懈。当安全与生产进度发生矛盾时,应服从于安全;当安全与日常管理工作发生矛盾时,应服从安全;当安全与个人利益发生矛盾时,更应服从安全。

1.2.2 劳动保护

劳动保护是指采用立法和依靠技术进步和科学管理,采取技术和组织措施,消除劳动过程中危及人身安全和健康的不良条件与行为,防止伤亡事故和职业病,保障劳动者在劳动过程中的安全和健康,促进社会主义现代化的建设和发展。

劳动保护也是国家和单位为保护劳动者在劳动生产过程中的安全和健康所采取的立法、组织和技术措施的总称。劳动保护的目的是为劳动者创造安全、卫生、舒适的劳动工作条件,消除和预防劳动生产过程中可能发生的伤亡、职业病和急性职业中毒,保障劳动者以健康的劳动力参加社会生产,促进劳动生产率的提高,保证社会主义现代化建设顺利进行。劳动保护的基本内容如下。

(1) 劳动保护的立法和监察。主要包括两大方面的内容,一是属于生产行政管理的制度,如安全生产责任制度、加班加点审批制度、卫生保健制度、劳保用品发放制度及特殊保护制度;二是属于生产技术管理的制度,如设备维修制度、安全操作规程等。

(2) 劳动保护的管理与宣传。企业劳动保护工作由安全技术部门负责组织并实施。

(3) 安全技术。为了消除生产中引起伤亡事故的潜在因素,保证工人在生产中的安全,在技术上采取的各种措施主要解决、防止和消除突发事故对于职工安全的威胁问题。

(4) 工业卫生。为了改善劳动条件,避免有毒、有害物质危害职工健康,防止职业中毒和职业病,在生产中所采取的技术组织措施的总和。它主要解决威胁职工健康的问题,实现文明生产。

(5) 工作时间与休假制度。

(6) 女职工与未成年工的特殊保护。包括劳动权利和劳动报酬等方面内容。

1.2.3 劳动保护用品

劳动保护用品是指保护劳动者生产过程中人身安全与健康所必备的一种防御性装备。劳动防护用品作为保护劳动者安全与健康的一种预防辅助措施。对于减少生产劳动过程中的伤亡事故和职业危害起着相当重要的作用。各种防护类用品如下。

(1) 头部防护类:头部的防护一般采用安全帽,其广泛用于建筑、造船、冶金、采矿、起重等作业。

(2) 呼吸道防护类:包括防尘口罩、防毒面具、防毒口罩。

(3) 面部、眼部防护类:包括护目镜、防护面具、辐射线防护用品、激光防护用品、防酸面罩。

（4）听觉的防护类：包括耳塞、耳罩。

（5）手的防护：包括一般作业手套、焊接手套、耐热手套、化学用手套、电气用手套等。

（6）足部防护类：护趾安全鞋、绝缘鞋、防酸鞋、耐油鞋、防水鞋、防静电鞋等。

（7）坠落防护类：包括各种各样的安全带、安全网、安全绳等。

1.2.4　安全生产和全面安全管理

1. 安全第一、预防为主

"安全第一、预防为主"是我国劳动保护工作的总指导方针，也是我国的安全生产方针。安全第一是要求一切生产部门和企业必须树立对劳动者高度负责的根本态度，坚持在保证安全的情况下，组织生产建设。

预防为主就是要求尊重安全生产科学规律，积极采用先进技术和科学管理办法，对生产系统的危险和有害因素进行预测和预防。在生产岗位上，一个看似微不足道的违章行为造成严重后果的例子数不胜数，比如一个烟头出现在不该出现的地方，有可能造成严重的后果。所以要做到预防为主，及时消除安全隐患；经常检查，防止各类事故发生；规章健全、责任明确，安全工作无小事，工作中不能抱任何侥幸心理，坚决消除事故隐患，时刻要把"安全"二字放在做好各项工作的首位，去部署、去检查，真正把安全工作落到实处，防患于未然，才能杜绝事故发生，让天灾人祸无可乘之机。

提高思想认识，加强安全知识教育，增强责任意识，使每个人都认识到安全工作的重要性，增强防范意识、自我约束能力，自觉遵守安全规定，主动提高规避各种事故的能力，有效地避免事故的发生。

2. 安全生产管理

（1）抓好安全生产教育，贯彻预防为主方针，安全教育是安全管理的重要内容。安全技术操作教育要从基本功入手，做到操作动作熟练，并能在复杂情况下判断和避免事故发生。对于学生实操要进行实操工场、实操工种、实操设备三级安全教育，对新工人要进行厂、车间、班组三级安全教育，对待特殊工种，如焊工、电工、制冷操作工、电梯维修工等的工人，要做到教育、培训、考核合格后持证上岗。

（2）认真贯彻"五同时"，做好"三不放过"。即在计划、布置、检查、总结和评比生产工作的同时，要计划、布置、检查、总结和评比安全工作。出了事故后，除了按制度做好报告工作和保护现场外，还必须做到事故原因不查清不放过；没有预防措施或措施不落实不放过；事故责任者和劳动技术者未接受教训不放过。

3. 全面安全管理

全面安全管理是指对安全生产实行全过程、全员参加和全部工作安全管理，简称 TSC。

（1）全过程安全管理是指一个工程从计划、设计开始，经过基建、试车、投产、生产、运输，一直到更新、报废的全过程，都需要进行安全管理和控制。

（2）全员参加安全管理是指从厂长、车间主任、技术和管理人员、班组长到每位工人参加的安全管理。其中，领导参加是安全管理的核心。国家要求"管理生产的必须管理安全，安全生产人人有责"就是这个意思。

（3）全部工作的安全管理是指对生产过程中的每项工艺都进行全面分析、全面评价、全面采取措施等。"高高兴兴上班来，平平安安回家去"是实现安全管理的目的。

1.2.5　环保管理

1. 环保管理的含义

环保包括大气、水体、矿藏、森林、野生动物、自然保护区和风景游览区等，这些都是国家的自然资源，人民生活的基本条件。

环保管理是指人们运用经济、法律、技术、行政、教育等手段，限制人类损害环境质量的活动，并通过全面规划使经济发展与环境保护相协调，达到既发展经济满足人类需要，又不超出环境的容许范围。也就是说，人类在满足不断增长的物质和文化需要的同时，要正确处理经济规律和生态规律的关系；要运用现代化科学的理论和方法，对人类损害自然环境质量的活动施加影响；在更好地利用自然环境的同时，促进人类与环境系统协调发展。

2. 环保工作在国民经济中的战略地位

环保和改善环境是关系到经济和社会发展的重要问题，是进行社会主义物质文明和精神文明建设的重要组成部分。

环境是人类生存发展的物质基础。自然环境不仅为人类的生存提供场所，也为生产提供各种原料和基地。但是，由于人类不合理地利用自然资源，乱排"三废"（废水、废气、废渣）、滥砍滥伐和环境污染的日益严重，不仅破坏了生态环境，甚至危害人的生命。工业生产同样以环境资源为基础，从环境取得资源并向环境排出废物组成循环系统。因此，环保工作的目的是为人类保护好良好的生活、工作环境，这是人类生存发展的需要，是劳动力再生产的必要条件；同时，也是保护人类所需要的物质资源，使经济和社会得到发展。由此可见，经济建设和环境之间的关系是否协调是经济建设中重要的战略问题。农、轻、重三行业的比例失调，花几年的工夫便可以得到调整；经济发展与环境的关系失调，若生态环境被破坏，那将是用几十年时间也难以扭转的。可见，环境问题是制定经济和社会发展战略的重要依据。要使经济持续发展，就必须使其与环境保护相协调，把环境保护作为经济发展的一个战略目标，放到重要的位置。

3. 环保管理的任务

环保管理是工业企业管理的一个重要内容。生产过程在生产出产品的同时也产生一定数量的废弃物，特别是污染物，这是生产过程一个整体的两个方面，它们互相依存，是对立统一的。

工业企业环保管理的基本任务就是要在区域环境质量的要求下，最大限度地减少污染物的排放，避免对环境的损害。通过控制污染物排放的科学管理，促进企业减少原料、燃料、水资源的消耗，减低成本，提高科学技术水平，促进消除污染，改善环境，保障职工健康，减轻或消除社会经济损失，从而获得最佳的、综合的社会效益。

为了实现上述任务,工业企业环保管理应着重做好以下几个方面的工作。

(1)加强环保教育,提高广大职工保护环境的自觉性。

(2)结合技术改造,最大限度地把"三废"消除在生产过程中。这是企业防治工业污染、搞好环保管理的根本途径。

(3)贯彻以预防为主、防治结合、综合治理的方针,大搞综合利用,变废为宝,实现"三废"资源化。这是防止工业污染的必经之路。

(4)进行净化处理,使"三废"达到国家规定的排放标准,不污染或少污染环境。这是必要的防止手段。

(5)把环保工作列入经济责任制。这是搞好环保管理的重要保证。

(6)对热处理、电镀、铸造等排污比较严重的生产厂点,环保部门要会同有关部门对其治理"三废"的情况和措施进行检查、验收和审核,采取必备条件和评分相结合的考核办法,全部符合必备条件才发许可证。不符合要求的不能发证或限期整顿。未经批准不得擅自生产或扩大生产规模。

(7)贯彻"三同时"原则,新建、扩建和改建的企业在建设过程中,对存在污染的项目,必须与主体工程同时设计、同时施工、同时投产。各种有害物质的排放,必须遵守国家规定的标准。

1.2.6   质量管理简介

全面质量管理体系是指为了能够在最经济的水平上并考虑到充分满足顾客要求的条件下进行市场研究、设计、制造和售后服务,把企业内各部门的研制质量、维持质量和提高质量的活动构成为一体的一种有效的体系。

全面质量管理的基本原理与其他概念的基本差别在于,它强调为了取得真正的经济效益,管理必须始于识别顾客的质量要求。全面质量管理就是为了实现这一目标而指导人、机器、信息的协调活动。

1. 质量

国家标准对质量下的定义为:质量是产品或服务满足明确或隐含需要能力的特征和特性的总和。"质量"的含义不仅是对技术要求而言,而且还要考虑到社会,即符合法律、法规、环境、安全、能源利用和资源保护等方面的要求。目前更流行、更通俗的定义是从用户的角度去定义质量:质量是用户对一个产品(包括相关的服务)满足程度的度量。质量是产品或服务的生命。质量受企业生产经营管理活动中多种因素的影响,是企业各项工作的综合反映。要保证和提高产品质量,必须对影响质量各种因素进行全面而系统的管理。质量的主体主要包括:①产品和/或服务的质量;②工作的质量;③设计质量和制造质量。

2. 质量管理

质量管理就是确定企业的质量方针、目标和职责,并予以实施的全部活动。质量方针是由企业最高管理者正式批准颁布的企业总的质量宗旨和质量方向,是企业各职能部门和全体职工日常工作应遵循的准则。

3. 全面质量管理

全面质量管理就是企业组织全体职工和有关部门参加,综合运用现代科学和管理技术成果,控制影响产品质量的全过程和各因素,经济地研制生产和提供用户满意的产品的系统管理活动。全面质量管理是企业管理现代化、科学化的一项重要内容。我们要形成一种这样的意识:好的质量是设计、制造出来的,不是检验出来的;质量管理的实施要求全员参与,并且要以数据为客观依据,要视顾客为上帝,以顾客需求为核心。

全面质量管理过程的全面性决定了全面质量管理的内容应当包括设计过程、制造过程、辅助过程、使用过程四个过程的质量管理。

1)设计过程质量管理的内容

产品设计过程的质量管理是全面质量管理的首要环节。这里所指的设计过程包括市场调查、产品设计、工艺准备、试制和鉴定等过程(即产品正式投产前的全部技术准备过程)。主要工作内容包括通过市场调查研究,根据用户要求、科技情报与企业的经营目标,制定产品质量目标;组织有销售、使用、科研、设计、工艺、制度和质管等多部门参加的审查和验证,确定适合的设计方案;保证技术文件的质量;做好标准化的审查工作;督促遵守设计工作程序等。

2)制造过程质量管理的内容

制造过程是指对产品直接进行加工的过程。它是产品质量形成的基础,是企业质量管理的基本环节。它的基本任务是保证产品的制造质量,建立一个能够稳定生产合格品和优质品的生产系统。主要工作内容包括组织质量检验工作;组织和促进文明生产;组织质量分析,掌握质量动态;组织工序的质量控制,建立管理点,等等。

3)辅助过程质量管理的内容

辅助过程是指为保证制造过程正常进行而提供各种物资技术条件的过程。它包括物资采购供应、动力生产、设备维修、工具制造、仓库保管、运输服务等。它的主要内容有做好物资采购供应(包括外协准备)的质量管理,保证采购质量,严格入库物资的检查验收,按质、按量、按期地提供生产所需要的各种物资(包括原材料、辅助材料、燃料等);组织好设备维修工作,保持设备良好的技术状态;做好工具制造和供应的质量管理工作等。另外,企业物资采购的质量管理也将日益显得重要。

4)使用过程质量管理的内容

使用过程是考验产品实际质量的过程,它是企业内部质量管理的继续,也是全面质量管理的出发点和落脚点。这一过程质量管理的基本任务是提高服务质量(包括售前服务和售后服务),保证产品的实际使用效果,不断促使企业研究和改进产品质量。它主要的工作内容有开展技术服务工作,处理出厂产品质量问题;调查产品使用效果和用户要求。

4. ISO 9000 族标准管理

随着社会的发展,越来越多企业实施 ISO 9000 族标准管理。ISO 9001 族标准是世界上普遍认同的国际质量管理体系标准,按照 ISO 9001:2000 标准建立起质量管理体系,并按其管理思想和方法实施有效管理,坚持八项质量管理原则(以顾客为关注焦点和持续改进是其中的两项重要原则)。通过了这一标准的认证,即向顾客证明了质量保证能力,并增强了顾客满意度,取得了国内外顾客的广泛信任。它的实施有利于提高产品质量,保护消费者利益;为提高组织的运作能力提供了有效的方法;有利于增进国际贸易,消除技术壁垒,有利于组织的持续改进和持续满足顾客的需求和期望。

　　ISO 9001 族标准体现了西方国家在质量管理方面的思想和方法,即强调"过程控制":把握住了事物的过程,把握了其结果;采用"过程方法":在质量管理体系中实现管理职责、资源管理、产品实现和测量、分析与改进四大过程的循环,重视顾客要求的输入,关注的是顾客满意度的信息反馈,并持续改进该体系。此外,称之为 PDCA(即策划、实施、检查、处置)的方法适用于所有过程。PDCA 循环也称戴明循环,如图 1-1 所示。

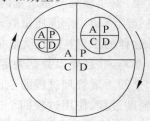

图 1-1　质量控制的 PDCA
（戴明循环）循环图

　　"PDCA"含义如下。

　　(1) P(Plan,策划)——确定方针和目标,确定活动计划。

　　(2) D(Do,实施)——实际去做,实现计划中的内容。

　　(3) C(Check,检查)——总结执行计划的结果,注意效果,找出问题。

　　(4) A(Action,处理)——对总结检查的结果进行处理,成功的经验加以肯定并适当推广、标准化;失败的教训加以总结,以免重现,未解决的问题放到下一个。

　　一个好的质量体系的建设,企业首先必须保证质量体系建立过程的完善;其步骤通常包括分析质量环、研究具体组织结构、形成文件、全员培训、质量体系审核、质量体系复审等步骤。其次,企业要抓住质量体系的特征,保证质量体系设立的合理性,使全面质量管理有效地发挥作用。最后,要保证质量体系在实际生产中得到有效的实施。

1.3　机械设备安全知识介绍

　　机械设备是现代生活中各行各业不可缺少的生产设备,不仅工业生产要用到各种机械,其他行业也在不同程度上要用到各种机械,铣工的设备是机械设备的一部分。在人类使用机械的过程中,由于设备的自身原因,如设计、制造、安装、维护存在缺陷;或者使用者的原因,如对设备性能不熟悉、操作不当、安全操作意识不足;或者作业场所的原因,如光线不足、场地狭窄等,使人处于被机械伤害的潜在危险之中。为防止和减少机械伤害的发生,需要从机械是如何对人造成伤害(伤害形式)、伤害常发生在机械的哪些部位(危险源)和导致伤害的原因等几个方面入手认识和了解,从而采取适当的安全对策。

1.3.1　机械危害

　　人们在使用机械的过程中,由于机械设计、制造上的缺陷、机械的完好状态不佳,或人们对机械性能了解不足、操作不当,或安全防护措施不当、作业场所条件恶劣等原因,潜在着被机械伤害的危险。

概括地讲,作业场所和机械的不安全状态、人的不安全行为使人处于被伤害的危险之中。为了防止和减少事故发生,我们需要了解哪些机械是危险性较大的,机械的危险部位在哪里,不同运动状态的零部件有哪些危险等。这样,我们就可以有针对性地、有重点地采取安全防护措施,保障操作者的安全。

1. 机械的危险

1) 静止的危险

设备处于静止状态下,人们接触设备或与静止设备某部位作相对运动时也存在着危险,例如:

(1) 工具、工件、设备边缘的飞边、毛刺、锐角、粗糙表面。

(2) 切削刀具的刀刃。

(3) 设备突出较长的机械部分、旋转部分、尖锐部分,如图1-2所示。

(4) 引起滑跌、坠落的工作平台,尤其是平台上有水或油时更为危险。

图1-2 钻床的危险区

2) 旋转运动的危险

轴、齿轮、皮带轮、飞轮、叶片、链轮、盘锯的锯片、砂轮、铣刀、钻头、压辊等作旋转运动的零部件,存在着把人体卷入、撞击和切割等危险。

(1) 被卷进单独旋转运动机械部件中的危险。如轴、卡盘、齿轮等。

(2) 接触旋转刀具、磨具的危险。如圆盘锯的锯片、铣刀、砂轮、钻头等,如图1-3所示。

(3) 被卷进旋转孔洞的危险。有些旋转零部件,由于有孔洞而具有更大的危险性风扇、叶片、飞轮、带辐条的皮带轮、齿轮等。

(4) 被旋转运动加工体或旋转运动部件上凸出物打击或绞轧的危险。如伸出机床的加工件,皮带上的金属带扣,转轴上的键、定位螺钉等。

(5) 被卷进旋转运动中两个机械部件间的危险。如作相反方向旋转的两个轧辊之间、啮合的齿轮。

(6) 被卷进旋转机械部件与固定构件间的危险。如砂轮与砂轮支架之间、有辐条的手轮与机身之间、旋转零件与壳体之间,如图1-4所示。

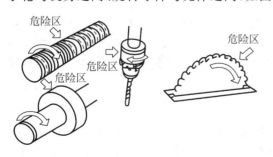

图1-3 旋转的危险部位

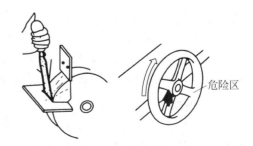

图1-4 旋转部位与固定部件间的危险部位

（7）被卷进旋转机械部件与直线运动部件间的危险。如皮带与皮带轮、齿条与齿轮、链条与链轮。

3）被振动部件夹住的危险

如振动体的振动引起被振动体部件夹住的危险。

4）被飞出物击伤的危险

在机械加工过程中，飞出的刀具、机械部件、切屑、工件对人体存在着击伤的危险。如未夹紧的刀片、固定不牢的接头、破碎而飞散的切屑、锻造加工中飞出的工件等。

可见，操作人员易于接近的各种运动零部件都是机械危险部位，设备的加工区也是危险部位。

2．危险性大的机械设备

不同的机械设备，其危险性的大小不同。危险性大的设备也不是整个设备都是有危险的，应该具体分析并掌握机械设备中的危险部位以及可能对人体造成的危害，加强安全防护。

危险性大的设备和机械，其危险部位是安全防护的重点。国家要求对危险性大的设备，在建厂时必须配备好安全装置。

1.3.2　机械伤害的形式

1．咬入和挤压

这种伤害是在两个零部件之间产生的，其中一个或两个零部件是运动的，人体被卷进两个部件的接触处。

咬入最典型的挤压点是啮合的齿轮、皮带与皮带轮、链与链轮、两个相反方向转动的轧辊的接触点。一般是两个运动部件直接接触，将人的四肢卷进运转中的咬入点。

挤压最典型的伤害是压力机滑块（冲头）下落时，把正在安放工件或调整模具的手压伤。挤压不一定是两个部件的完全接触，只要距离很近，四肢就可能受挤压。除直线运动部件外，人手还可能在螺旋输送机、塑料注射成型机中受到挤压。

2．碰撞和撞击

这种伤害有两种主要形式，一种是往复运动部件撞人。例如，人受到运动中的刨床滑枕碰撞，碰撞包括运动物体撞人和人撞向固定物体；另一种是飞来物及落下物的撞击造成的伤害，飞来物主要是指高速旋转的零部件、工具、工件、联接件（含紧固件）等因固定不牢或松脱时，以高速甩出的物体。高速飞出的切屑也能使人受到伤害。运动物体的质量越大，运动速度越高，碰撞或撞击的伤害程度越大。

3．夹断

当人体伸入两个接触部件中间时，人的肢体可能被夹断。夹断与挤压不同，夹断发生在两个部件之间的直接接触，挤压不一定完全接触。两个部件不一定是刀刃，只要其中一个或两个部件是运动部件都能造成夹断伤害。

4. 剪切

两个具有锐利边刃的部件,在一个或两个部件进行运动时,能产生剪切作用。当两者靠近人的肢体时,刀刃能将肢体切断。

5. 割伤和擦伤

这种伤害可发生在运动机械和静止设备上,当静止设备上有尖角和锐边,而人体与该设备作相对运动时,能被尖角和锐边割伤。当然,有尖角、锐边的部件转动时,对人造成的伤害更大,如人体接触旋转的刀具、锯片,都会造成严重的割伤。高速旋转的粗糙面(如砂轮)能使人擦伤。

6. 卡住或缠住

具有卡住作用的部位是指静止设备表面或运动部件上的尖角或凸出物。这些凸出物能卡住、缠住人的宽松衣服甚至皮肤。当卡住后,能引向另一种危险,特别是运动部件上的凸出物、皮带接头、车床的转轴、加工件都能将人的手套、衣袖、头发等缠住而使人受到严重伤害。

一种机械可能同时存在几种危险,即同时造成几种伤害。为此,都应该加以防护。

1.3.3　机械事故的原因

凡是由机械造成的事故都叫机械事故,机械事故有以下特征。

(1) 人与机械接触并有相对运动。

(2) 人与机械接触时有力的作用并作用于人的力超过人所能承受的限度。

了解机械事故的原因是为了寻求防止事故的对策。机械是由人设计、制造、安装的,在使用过程中也必须由人操作、维护和管理。因此,造成机械事故最根本的原因可追溯到人。具体来说,机械事故的原因可分为直接原因和间接原因。

1. 直接原因

1) 机械和作业场所的不安全状态

(1) 机械设备、设施、工具、附件有缺陷,如设计不当、结构不符合安全要求等。

(2) 维护保养不当,设备失灵。

(3) 防护、保险、信号等安全装置缺乏或有缺陷。

(4) 作业场所照明光线不良、通风不良、物品堆放杂乱或太高、通道狭窄等。

(5) 操作工序设计不合理,交叉作业过多。

(6) 个人防护用品、用具缺少或有缺陷。

2) 人的不安全行为

(1) 人体与运动的零部件接触。

(2) 人体进入危险区域,如进入设备加工、起重物体移动的区域。

(3) 操作错误,忽视安全,忽视警告,如按错按钮、超载运行设备。

(4) 违反操作规程,如用手代替工具操作;在机械运转时加油、修理、检查、调整、清扫等。

(5) 攀、坐不安全位置,如平台护栏、吊车用钩等。

（6）忽视个人防护用品、用具的使用，如衣着不符合安全要求、铣工不戴防护眼镜、女工不戴帽等。

（7）安全装置失效，如拆除了安全装置、安全装置堵塞等。

（8）使用不安全的设备、工具，如使用无安全装置的冲床、有缺陷的工具。

（9）出现险情时，应变失误。

（10）工作时精神不集中。

2．间接原因

（1）技术原因。指设计错误、制造错误、安装错误、维修错误。

（2）教育原因。指缺乏必要的安全教育与技术培训，致使作业人员素质低，缺乏相应的生产和安全知识、技能，缺乏安全生产观念。

（3）管理原因。指组织管理上的缺陷，如安全责任制不落实，监督不严，安全生产制度、安全操作规程缺乏或不健全，生产作业无章可循或违章不究，劳动制度不合理等。

（4）作业人员生理与心理方面的原因。指作业人员视力、听力、体能、健康状况等生理状态和性格、情绪、注意力等心理因素与生产作业不适应而引起事故。

在分析事故原因时，应从直接原因人手，逐步深入到间接原因，从而掌握事故的全部原因，再分清主次，采取预防的对策。

1.3.4　机械设备运动部分的防护

因操作者不慎接触到机械设备运动部分而导致伤残的例子很多，有些事故还相当严重，必须予以重视。

一般机械设备运动部分的类型有：旋转的轴及轴上的零件、飞轮、车床卡盘；啮合中的圆柱齿轮、伞齿轮、蜗杆蜗轮；运行中的传动带和带轮；运行中的传动链和链轮；工作中的丝杠螺母机构；转动着的刀具，如钻头、铣刀、圆盘锯等；工作中的搅拌机、滚筒筛；往复运动着的机件，如锯床的锯片、冲床的冲头、牛头刨床的滑枕与刨刀、龙门刨床与龙门铣床的工作台、织布机的梭子等。

防护措施主要如下。

（1）固定式防护罩。固定式防护罩最为安全可靠。但不适用于在正常工作期间操作者的手或身体的其他部分，以及必须进入危险区域的场合。

（2）互锁式防护罩。例如，注塑机的防护门每一注塑周期都要开关一次，但必须关闭才能开机，门开了就开不了机。

（3）自动防护罩。这种防护罩与运动的机件同步，机件到达危险区域时，防护罩也到达，且可使其比机件到得还略早些。不过当运动速度很高时，防护罩本身也可能会伤人，故宜慎用。

（4）伺服防护装置。例如，在冲床机身上装光电管（电眼），当操作者的手进入危险区域时，手挡住了射向光电管的光线，冲床就断电，停止运动。

（5）双手开关。例如，将控制电路设计成必须用双手同时按下两个开关，才能通电运转，或者把气动、液压回路设计成必须双手同时控制两个阀门，设备才能动作等。

1.4　其他安全常识

1.4.1　物料搬运安全知识

物料搬运中,因不注意安全姿势和所搬物件的复杂性,未采用正确的方法,或过高估计了个人的能力而伤及腰、腿、膝、脚、手的情况颇为常见。

1. 人力搬运

人力搬运应注意如下事项。

(1) 要正确估计所搬物件的重量和自己的能力。有标签的物件通常都会在标签上注明物件重量,最好是看毛重,即连带包装箱的重量。一定要看清楚,不要自不量力。若有怀疑,应请人帮忙。一个普通人短时间徒手提举的物件重量最好不超过 30kg。

(2) 要注意个人防护。要戴安全手套,穿合适的工衣。如果搬运的是有毒或有腐蚀性的物料,更应采用密闭型着装,包括面罩和脚罩。

(3) 提举前应找准物体重心,确定着手的地方后,靠近物体,屈膝蹲下,用整个手部握紧而不是仅用手指,后脚用力蹬地,直立提起物体,平稳地向前移动。

(4) 有可能时尽量借助一些工具,如撬杆(铁笔)、滚筒(直径为 50～80mm,长为 1～1.5m 的圆管多根)、绳索、千斤顶或其他专用工具等。这样较直接用人手搬运更为安全和有效。

(5) 如果搬运的是较重、较大的新设备,其下面常装有两根平行的方木条(俗称草鞋),可以撬高以后放入滚筒来搬运,故先不要急于将木条卸下。

(6) 物体形状复杂者应特别注意,因为其搬运难度较大,如容易滑落和损坏等。

2. 机械搬运

机械搬运设施有多种,如绞盘、滑轮组、起重装置、电动葫芦等。

1) 机械搬运的注意事项

(1) 所有机械搬运设施均要由 18 岁以上经过专门训练的人员使用(有主管人员在场指导的训练学员除外)。

(2) 如果设备操作人员不能看见他所吊运的物品,必须有专门的指挥者在场指挥或有其他信号系统,保证操作人员能完全正确而安全地控制所吊运的物品。

(3) 设备应标有清楚的安全负荷。所吊的负荷不能超过此负荷。

(4) 应检查设备是否装有灵敏的制动装置。

(5) 重物正悬挂在半空时,操作者必须站在控制器旁边。

(6) 应从正确的位置以正确的方式吊起重物,防止下滑和跌落。

2) 吊索与链条的运用

常用的吊索有多股绞合的麻绳、塑胶丝绳、钢丝绳、硬橡胶带等。它们的承载能力应经过试验。

吊索应经常检查,中间有缺损者不宜使用。

链条不要用螺栓与螺母连接。

(1)加载时应注意的事项如下。

① 吊索容易被所吊重物的尖锐边缘割破,故在吊索与重物之间应特别加软木或其他合适材料作垫块来加以保护。

② 不要由于长度不足而出现吊钩两边吊索夹角太大的情况。

③ 注意使吊索的各边均匀受力,避免某一边受力太大,不胜负荷而被拉断。

(2)吊运前应注意的事项如下。

① 认真检查重物是否吊得牢固和可靠。

② 经常观看吊钩是否在重物的正中央,重物是否平衡,防止来回摆动。

③ 吊钩受力前要将手放开。

④ 观察重物吊起时有无受阻。

⑤ 劝告旁人与重物保持安全距离。

(3)吊运中应注意的事项如下。

① 只能由负责吊运的人发出信号,其他人不要乱指挥。

② 重物的中间和上面不能有人。

③ 不要沿地面拖拉链条、吊索、吊钩和重物。

(4)卸载时应注意的事项如下。

① 确保重物卸到坚固的地面或其他基础上,重物下面应有垫料,在卸除吊索时不会破坏吊料。

② 垫料应不易毁坏,容易清理。

1.4.2 用电安全常识

用电方面常见的安全事故为触电、电气火灾及爆炸。

1. 触电

触电分为电击和电伤两种。电击是指较高电压和较强的电流通过人体,使心、肺、中枢神经系统等重要部位受到破坏,足以致命。电伤是指电弧烧伤、接触通过强电流发生高热的导体引起热烫伤、电光性眼炎等局部性伤害。

一般人体电阻为 $1000 \sim 2000 \Omega$,但在潮湿情况下阻值会减半。

在工频(50Hz)条件下,$40 \sim 500 mA$ 电流通过人体 0.1s 就可能导致心室纤维颤动,有生命危险,由此可大致推出安全电压的最高值。

2. 电气火灾及爆炸

电器设备的过热、电火花和电弧常是导致电气火灾及爆炸的直接原因。

电器设备过热多由短路、过载、接触不良、铁心发热、散热不够、长时间使用和严重漏电等引起。

电火花和电弧多由下列情况引起。

（1）大电流启动而未用保护性开关。

（2）设备发生短路或接地。

（3）绝缘损坏。

（4）导线接触不良。

（5）过电压。

此外，还有静电火花和感应火花等。

3. 用电安全技术措施

1）绝缘

绝缘是用绝缘材料将带电物体包围起来。但绝缘材料在强电场作用下会被击穿，潮湿或腐蚀性环境下或因使用时间太长而变质，这些情况都可能降低其绝缘性能。测量绝缘性能较常用方法是用兆欧表测量其绝缘电阻。

2）接地和接零

接地是把设备或线路的某一部分与专门的接地导线连接起来。接零是把电器设备正常时不带电的导电部分（如金属机壳）与电网的零线连接起来。

3）漏电保护装置

漏电保护装置主要用于防止单相触电和因漏电而引起的触电事故和火灾事故，也用于监测或切除各种接地故障。其额定电流与动作时间的乘积不超过 30mA·s。

4）安全电压

安全电压是由人体允许的电流和人体电阻等因素决定的。国标规定：

（1）手提照明灯、危险环境的携带式电动工具均应采用 42V 或 36V 安全电压。

（2）密闭的、特别潮湿的环境所用的照明及电动工具应采用 12V 安全电压。

（3）水下作业应采用 6V 安全电压。

1.4.3 防火与灭火

1. 火的来源与类型

起火有三个条件：有可燃物、助燃物和点火源，三者缺一不可。

燃烧有三种类型：着火、自燃和闪燃。着火是可燃物受到外界火源的直接点燃而开始的。自燃是指没有受到外界火源的直接点燃而自行燃烧的现象，如黄磷在 34℃ 的空气中就能自燃。闪燃是当火焰或炽热物体接近有一定温度的易燃和可燃液体时，其液面上的蒸汽与空气的混合物会发生一闪即灭的燃烧现象，称为闪燃。发生闪燃的最低温度称为该液体的闪点。

2. 防火措施

（1）尽可能清除一切不必要的可燃物品。对易燃气体和液体要特别注意，防止焊接车间的氧气瓶、阀门、导管等接触油脂。

（2）在有易燃物品存放的地方严禁吸烟。

（3）打开装有易燃液体的容器时应使用不会产生火花的安全工具。

（4）衣服上溅上易燃液体时，应远离点火源，随即洗掉。

（5）建筑物应符合"建筑设计防火规范"的要求。

（6）在有易燃物品的场所，不能用铁制工具，不能穿钉鞋和穿化纤服装以防产生火花；各类电器及其线路应严格遵守用电安全规定，防止过热及产生电弧与火花。

（7）搬运装有易燃易爆气体及液体的金属瓶（如乙炔瓶、氧气瓶）时，不准拖拉及滚动，不能产生撞击及震动，各类运动机件应保持良好润滑，松紧适当，防止产生摩擦碰撞以引起火花。

（8）所有厂房、车间均应贴有防火标志，并应严格遵守。

（9）焊接作业点与乙炔瓶、氧气瓶应保持不少于10m的水平距离，不得有可燃、易爆物品，高处焊接时要注意火花走向。焊接地点10m内不得有可燃、易爆物品。

（10）如遇可燃气体管道泄漏而着火，应先关闭相关阀门，再行灭火。

3. 灭火

灭火的方法有冷却法、窒息法、隔离法和化学抑制法四种。冷却法一般用水冷；窒息法是用难燃物料覆盖火场，阻止空气流入的方法；将可燃物搬开的方法称为隔离法；化学抑制法则是加入化学物料直接参与燃烧化学反应，使燃烧赖以持续的游离基消失，从而达到灭火的目的。如1211灭火剂、干粉灭火剂即是此类化学物料。

1）几种手提灭火器简介

（1）充水灭火筒。钢筒内装水，由压缩空气射出，筒身红色。

（2）泡沫灭火筒。钢筒内装有能与水相溶，并可通过化学反应或机械方法产生泡沫的灭火药剂。产生的泡沫相对密度小（0.11～0.5），可漂浮于可燃液体表面或附着于可燃固体表面，形成一个泡沫隔离层，起到窒息和隔离的作用，筒身奶黄色。

（3）二氧化碳灭火筒。钢筒内装有压缩成液态的二氧化碳，筒身黑色。初喷时会骤冷，为防出口冷凝堵塞，阀门必须全开。

（4）干粉灭火筒。钢筒内装有干粉状化学灭火剂（如碳酸氢钠、碳酸氢钾、磷酸二氢钠等）和防潮剂、流动促进剂、结块防止剂等添加剂，它同时具有上述4种灭火功能，筒身蓝色。适宜扑救易燃液体、油漆、电器设备的火灾等。因为灭火后留有残渣，不宜用于精密机械或仪器的灭火。其冷却功能有限，不能迅速降低燃烧物的表面温度，容易复燃。

（5）可蒸发液体灭火筒。这是一种高效、低毒且适用范围较广的灭火器材，筒身绿色。以前使用的液体是BCF，近年发现它对同温层有损害，故改用FM200。它对飞机、车辆和重要的工业装置的灭火特别有用。

各种灭火器均应贴有标签，清楚表明其类型、使用方法、适用于哪些类型的火灾扑救。还应注明保养负责单位或人员、上次试验或保养的日期等。

2）其他消防设施

其他消防设施主要有烟雾感应器、温度感应器、消防水管系统、灭火毯、灭火弹、沙箱、各种消防标志、走火通道和警钟等。

1.4.4　化学药品和危险物料常识简介

1. 工业用危险物料的分类

（1）爆炸性物料。其本身可因化学反应产生大量高温高压气体，高速膨胀，足以对周围造成杀伤性破坏。

（2）易氧化物料。虽然本身不一定可燃，但与其他物料混杂时容易氧化，增加了火灾的危险性。

（3）会自燃的物料。在普通环境中不需外加能量，只要与空气接触，就会升温自燃。

（4）有毒物料。普通接触即会对人产生严重伤害甚至致命。

（5）腐蚀性物料。普通接触即会产生程度不同的腐蚀性损害。

2. 化学药品对健康的影响

化学药品与人们的生活关系密切。化学药品可以防病治病，可以增加农业收成，也有不少化学药品如果使用不当，可能危及健康，也可能会毒化环境。化学药品进入人体的途径有呼吸、吸收（通过皮肤或眼）、进食、妊娠等。

3. 减少有害化学药品影响的方法

（1）使用较为安全的其他代用品。

（2）加强抽风。

（3）大量送入新鲜空气。

1.5　铣工安全操作与文明生产

操作铣床时要避免由于操作者疏忽安全守则而造成人身和设备事故，具体要求如下。

1.5.1　防护要求

（1）进入实操工场实操时，要穿戴好工作服和防护用品，扣好工作服纽扣，衬衫要系入裤内，禁止穿凉鞋、拖鞋、湿鞋、背心进入实操室，女同学要戴安全帽，并将发辫塞入帽内；不得穿裙子、穿高跟鞋、戴首饰和戴围巾进入实操工场。

（2）禁止戴手套操作铣床。

（3）铣削时应戴防护眼镜，防止飞出的切屑损伤眼睛。

（4）铣削铸铁等脆性材料时必须戴口罩及防护眼镜。

1.5.2　操作前的铣床检查

（1）对铣床各滑动部分加注润滑油。

（2）检查铣床各手柄是否在规定位置上，是否能正常操作。

（3）检查各进给方向行程挡块是否紧固在最大行程以内。

（4）启动铣床后，检查刀轴和进给系统工作是否正常，油路是否畅通。

（5）检查夹具、工件装夹是否牢固。

1.5.3　操作铣床时的注意事项

（1）不得在铣床运转时变换主轴转速和进给量。

（2）工作时要集中精神，不得擅自离开铣床，离开铣床时必须停机。

（3）工具或量具不能直接放在工作台台面和各导轨面上。

（4）加工过程中不得用手触摸工件加工表面，机动进给完毕应先停止进给，再停止铣刀旋转。

（5）铣刀及工作台未停稳不准测量工件。

（6）铣削时，加工余量应从最高部分逐步切削，背吃刀量要适当。

（7）操作时不要站在切屑流出的方向，以免切屑飞入眼中。

（8）操作中如果遇到紧急情况应立即停机，切断电源，保护现场并报告指导教师。

1.5.4　操作铣床后的注意事项

（1）切削完成后，清理铣床工作台，并停在中心位置，两边露出的部分长短约相等。

（2）工作后，应关闭电源，清扫机床，并将手柄置于空位，将工作台停在中间位置，升降台落到最低的位置。

（3）认真做好铣床的维护和保养工作。

1.5.5　防止铣刀割伤

（1）装拆铣刀时要用布垫衬，不能用手直接握住铣刀。

（2）铣刀停止旋转前，头和手不能靠近铣刀。

（3）装卸铣刀时，要注意防止刀口割伤手指。

（4）不可用手去制动铣刀或刀轴。

（5）用手拉切削液管子时，用力方向不能指向铣刀，以免打滑造成工伤。

1.5.6　防止切屑刺伤和烫伤

（1）不能用手直接清除切屑。

（2）不要太靠近切削点观察工件加工情况。

（3）高速铣削或加注切削液时应放挡板，以防切屑飞溅及切削液外溢。

（4）一旦切屑飞入眼中，应闭上眼睛，眼珠尽量不转动，并尽快到医务室治疗，切勿用手揉擦眼睛。

1.5.7　安全用电

（1）不准任意装卸电气设备，如发现铣床的电气装置损坏，应请电工修理。

（2）加工前应先熟悉相关的电气装置。

（3）不准在没有遮盖的导线附近工作，以防发生事故。

（4）不能用扳手和金属棒等去拨按钮或开关。

（5）如发现有人触电，不要慌乱，应立即切断电源或用木棒将触电者撬离电源，然后立即送医院。

1.5.8　文明生产要求

（1）正确使用刀具、工具、量具，应放置稳妥、整齐、合理，便于操作时取用，用后应放回原处。

（2）工具箱内的物件应分类摆放。重物放置在下层，轻物放置在上层，精密的物件应放置稳妥，不得随意乱放，以免损坏和丢失。

（3）量具应经常保持清洁，用完后应擦拭干净，涂油，放入盒内并及时归还工具室；所使用的量具必须定期检验，使用前应检查确认合格证在允许使用期内，以保证其度量准确。

（4）装卸较重的铣床附件时必须有他人协助，装卸时应擦净铣床工作台台面和附件的基准面。

（5）毛坯、半成品和成品应分开放置。半成品、成品应堆放整齐，轻拿轻放，以免碰伤已加工表面。

（6）不准在工作台台面和导轨面上直接放置毛坯以及锤子和扳手等工具，以免影响铣床加工精度。

（7）工作地周围应保持清洁整齐，避免堆放杂物，防止绊倒。

（8）图样、工艺卡片应放置在便于阅读的位置，并注意保持其清洁和完整。

（9）工作结束后应认真擦拭铣床、工具、量具和其他附件，使各物件归位，按规定给铣床注润滑油，清扫工作场地，切断电源。

1.5.9　普通铣床实操守则

（1）车工、铣工、刨工等机床加工工种均应遵守本规程。

（2）操作者必须熟悉设备的结构和性能，按设备性能正确使用设备，设备应专人负责，未经老师同意不得擅自变换不同类型的铣床工作。

（3）做好设备的维护保养工作，要特别注意油、水、气、电的供给情况。不得对设备各部位进行随意击打或摩擦，以免造成设备损伤。

（4）开机前要检查运动部件上是否有工具或杂物，排除后方可启动，开动铣床前要观察周围动态，设备启动后应空转三分钟等润滑正常才可投入工作，禁止使用磨钝了的刀具。

（5）铣床启动后，操作者不得擅自离开工作岗位，即使是自动进刀时也不得离开铣床。

（6）有下列情形之一，必须停机：①调整铣床变换速；②更换刀具或工夹具；③测量工件；④加润滑油；⑤清理铁屑及擦抹污油；⑥修理、更换机件；⑦电源中断；⑧操作者因事要暂时离开铣床。

（7）根据工件的特点采用正确的装夹方法，装夹应牢固可靠。

（8）操作铣床时禁止戴手套，围巾不应外飘，衣袖应束好，女工及留长发者应戴安全帽并把头发束入帽内。

（9）严禁用手触摸或用棉纱摩擦运动着的工件和部件，经常检查刀具及工件的夹紧情况，防止松脱。

（10）切削体积较大的材料时应留有足够余量方便卸下断料，以免切断时掉下伤人；体积较小的材料切断时不准用手接。

（11）下课前，应先停机，切断设备电源，最后切断总电源开关，并将全部手柄放在非工作位置，做好交接班工作。

（12）工具、量具、刃具等放置应符合安全文明规定。

1.5.10　普通铣床安全操作规程

普通铣床工应遵守"金属切削工安全技术操作规程"外，还应遵守下列规程。

（1）装卸虎钳和大的工具、夹具时，要注意安全操作。开始铣削时，工作台面上不得放置工件或工具、夹具、量具。

（2）铣床开动后，不准擦拭机床，清理铁屑。若要清理必须用工具，严禁用手去拉铁屑。

（3）铣床运转时，严禁身体触碰工件或身体靠在机床上。

（4）在铣削中，不得将手伸到工作物和刀具接触处，更不得用棉纱擦拭工件和刀具。

（5）在装、换刀具，更换工件及测量工件或调整变速时，需待铣床停稳后才可进行。

（6）生产实操结束后，应做到将全部手柄放在非工作位置，关闭铣床电源，最后切断总电源开关。

（7）工作场地与通行道路应保持整洁和畅通。工件放置要牢固，不得堆放过高。

（8）工具、量具、刃具等放置应符合安全文明规定。

1.6　实操场地 9S 管理简介

"9S 管理"来源于企业，是现代企业行之有效的现场管理理念和方法，通过规范现场、现物，营造一目了然的工作环境，培养师生良好的工作习惯，其最终目的是提升人的素质，养成良好的工作习惯。

1.6.1　何谓 9S

9S 就是整理(Seiri)、整顿(Seiton)、清扫(Seiso)、清洁(Seiketsu)、素养(Shitsuke)、安全(Safety)、节约(Save)、学习(Study)、服务(Service)九个项目,因其英语均以"S"开头,简称为 9S。其作用是:提高效率,保证质量,使工作环境整洁有序,预防为主,保证安全。

1) 整理(Seiri)

定义:区分要用和不要用的,留下必要的,其他都清除掉。

目的:把"空间"腾出来活用。

2) 整顿(Seiton)

定义:有必要留下的,依规定摆整齐,加以标识。

目的:不用浪费时间找东西。

3) 清扫(Seiso)

定义:工作场所看得见看不见的地方全清扫干净,并防止污染的发生。

目的:消除"脏污",保持工作场所干干净净、明明亮亮。

4) 清洁(Seiketsu)

定义:将上面 3S 实施的做法制度化、规范化,保持成果。

目的:通过制度化来维持成果,并显现"异常"之所在。

5) 素养(Shitsuke)

定义:每位师生养成良好习惯,遵守规则,有美誉度。

目的:改变"人质",养成工作认真的习惯。

6) 安全(Safety)

定义:

(1) 管理上制定正确作业流程,配置适当的工作人员监督指示功能。

(2) 对不合安全规定的因素及时举报消除。

(3) 加强作业人员安全意识教育,一切工作均以安全为前提。

(4) 签订安全责任书。

目的:预知危险,防患未然。

7) 节约(Save)

定义:减少企业的人力、成本、空间、时间、库存、物料消耗等因素。

目的:养成降低成本习惯,加强作业人员减少浪费意识教育。

8) 学习(Study)

定义:深入学习各项专业技术知识,从实践和书本中获取知识,同时不断地向同事及上级主管学习,学习长处,从而达到完善自我,提升综合素质。

目的:使企业得到持续改善,培养学习型组织。

9) 服务(Service)

定义:站在客户(外部客户、内部客户)的立场思考问题,并努力满足客户要求,特别是不能忽视内部客户(后道工序)的服务。

目的：让每一个员工树立服务意识。

1.6.2　9S 管理的目的

通过规范现场、现物，营造一目了然的工作环境，培养师生良好的工作习惯，其最终目的是提升人的品质，养成良好的工作习惯。9S 管理是校企合一的体现，在企业现场管理的基础上，通过创建学习型组织不断提升企业文化的素养，消除安全隐患、节约成本和时间。实行 9S 管理的目的如下。

(1) 全面现场改善，创造明朗、有序的实操环境，建设具有示范效应的实操场所。

(2) 全校上下初步形成改善与创新文化氛围。

(3) 激发全体员工的向心力和归属感；改善员工精神面貌，使组织活力化。人人都变成有修养的员工，有尊严和成就感，对自己的工作尽心尽力，并带动改善意识，增加组织的活力。

(4) 优化管理，减少浪费，降低成本，提高工作效率，塑造学校一流形象。

(5) 形成校企合一的管理制度；建立持续改善的文化氛围。

(6) 提高工作场所的安全性。储存明确，物归原位，工作场所宽敞明亮，通道畅通，地上不会随意摆放不该放置的物品。如果工作场所有条不紊，意外的发生也会减少，当然安全就会有保障。

(7) 9S 管理的根本目的是提高人的素质。

1.6.3　9S 管理意识

(1) 9S 管理是校园文化的体现，是校企合一教学的需要。

职业院校是与生产紧密联系的学校，很多管理都与企业息息相关，校企合一，使学生具有企业职业素养是教学目标。

(2) 工作再忙，也要进行 9S 管理。

教学与 9S 管理并非对立，9S 管理是工作的一部分，是一种科学的管理方法，可以应用于生产工作的方方面面。其目的之一就是提高工作效率，解决生产中的忙乱问题。

1.6.4　9S 管理流程

推行 9S 管理，所做的管理内容和所评估的业绩应当是在持续优化和规范生产现场的同时，达到不断提高生产效率和降低生产成本的目的。

9S 管理流程如图 1-5 所示。

香港某学校老师设计的工具放置架如图 1-6 所示；9S 挂图如图 1-7 所示。

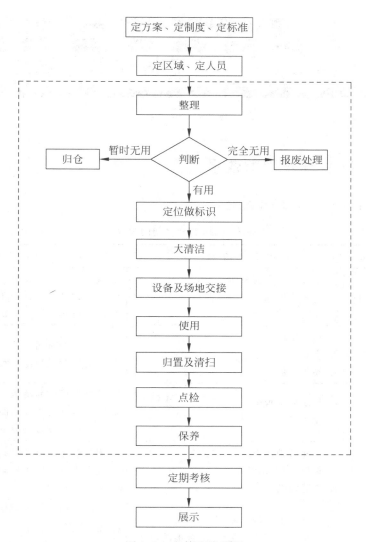

图 1-5　9S 管理流程图

(a) 工具摆放

(b) 工具架

图 1-6　工具放置架

图 1-7   9S 挂图

1.6.5   9S 管理呈现的效果

9S 管理呈现的效果如表 1-1 所示。

表 1-1   9S 管理呈现的效果

9S	对象	实施内容	呈现的成果
整理	物品空间	1. 区分要与不要东西 2. 丢弃或处理不要的东西 3. 保管要的东西	1. 减少空间上的浪费 2. 提高物品架子、柜子的利用率 3. 降低材料、半成品、成品的库存成本
整顿	时间空间	1. 物有定位 2. 空间标识 3. 易于归位	1. 缩短换线时间 2. 提高生产线的作业效率
清扫	设备空间	1. 扫除异常现象 2. 实施设备自主保养	1. 维持责任区的整洁 2. 落实机器设备维修保养计划 3. 降低机器设备故障率
清洁	环境	1. 消除各种污染源 2. 保持前 3S 的结果 3. 消除浪费	1. 提高产品品位、减少返工 2. 提升人员的工作效能 3. 提升公司形象
素养	人员	1. 建立相关的规章制度 2. 教育人员养成守纪律、守标准的习惯	1. 消除管理上的突发状况 2. 养成人员的自主管理 3. 提升员工的素养、士气
安全	人员	1. 通过现场整理整顿、现场作业 9S 实施，消除安全隐患 2. 通过现场审核法，消除危险源	实现全面安全管理
节约	人员	1. 减少成本、空间、时间、库存、物料消耗 2. 内部挖潜，杜绝浪费	1. 养成降低成本习惯 2. 加强操作人员减少浪费意识教育
学习	人员	1. 学习各项专业技术知识 2. 从实践和书本中获取知识	1. 持续改善 2. 培养学习性组织
服务	人员	1. 满足客户要求 2. 培养全局意识，我为人人，人人为我	人人时时刻刻树立服务意识

1.6.6 实操安全保证书

实操安全保证书参考如下。

通过学习有关实操制度以及相关安全知识。本人在铣工实操时,一定要遵守各项规章制度,遵守各项安全操作规程,做到安全、文明实操。

(1)

(2)

(3)

班级:

保证人姓名:

学号:

年 月 日

1.6.7 练习题

(1)什么是职业道德?

(2)安全生产有哪些意义?

(3)根据本章的内容,写一份学习心得或实操安全保证书。

第2章

铣工基础知识

本章要点

能够叙述铣床各部分的名称、作用和工作原理。

技能目标

掌握铣床基本的操作方法、切削液选择以及能对铣床进行日常保养。

学习建议

熟悉铣床基本操作要领,以免因操作失误造成铣床损坏。

2.1　铣床的结构与基本操作

金属切削加工的方法有很多,铣削是最常用的方法之一。铣床的加工特点是刀具作旋转运动、工件作直线移动来改变毛坯的形状和尺寸,达到图纸要求。铣床的生产效率高,能加工各种形状和一定精度的零件。铣床在结构上日趋完整,在机器制造中得到了普遍的应用。

铣床的种类很多,有立式铣床、立式摇臂万能铣床、龙门铣床、卧式铣床等。

2.1.1　铣床的种类

1. 立式铣床

图 2-1 是立式铣床的外形(扫描二维码观看高清图),其主要特征是铣床主轴轴线与工作台台面垂直。因主轴呈竖立位置,所以称为立式铣床。

铣削时,铣刀安装在主轴上,绕主轴做旋转运动,被切削工件装夹在工作台上,相对于铣刀做相对运动完成铣削过程。立式铣床加工范围很广,通常在立式铣床上可以应用端铣刀、立

立式铣床

铣刀、特形铣刀等，可铣削各种沟槽、表面等。另外，利用机床附件，如回转工作台、分度头，还可以加工圆弧、曲线外形、齿轮、螺旋槽、离合器等较复杂的零件。当生产批量较大时，在立式铣床上采用硬质合金刀具进行高速铣削，可以大大提高生产效率。

立式铣床按立铣头的不同结构，又可分为以下两种。

（1）立铣头与机床床身成为一体。这种立式铣床刚性好，但加工范围比较小。

（2）立铣头与机床床身之间有一回转盘，盘上有刻度线，主轴随立铣头可扳转一定角度以适应铣削各种角度面、椭圆孔等工件。由于该种铣床立铣头可回转，所以目前在生产中应用广泛。

2．立式摇臂万能铣床

图 2-2 是立式摇臂万能铣床（扫描二维码观看高清图），这类铣床的特点具有广泛的应用性能。这种铣床能进行以铣削为主的多种切削加工，可以进行立铣、镗、钻、磨、插等工序，还能加工各种斜面、螺旋面、沟槽、弧形槽等。适用于各种维修，尤其适用于生产各种工夹模具制造。该机床结构紧凑，操作灵活，加工范围广，是一种典型的多功能铣床。

立式摇臂万能铣床

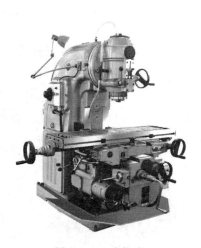

图 2-1　立式铣床

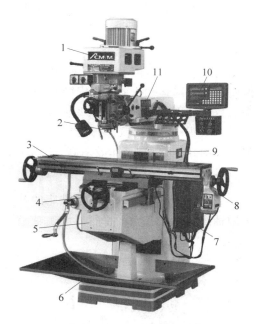

图 2-2　立式摇臂万能铣床

1—立铣头；2—主轴；3—工作台；4—横向溜板；5—升降台；6—床脚；7—电器箱；8—纵向走刀控制器；9—床身；10—光栅尺；11—摇臂

1—立铣头：其作用是将主电动机（双速电动机）的额定转速通过皮带传动变换成 16 种不同的主轴转速，以适应各种铣削加工的需要。立铣头可以在 X 和 Y 方向转动。

2—主轴：是一前端带锥孔的空心轴，锥孔的锥度为 $R8$，用来安装铣刀刀杆和铣刀。

主电动机输出的旋转运动经主轴变速机构驱动主轴连同铣刀一起旋转,实现铣削加工的主运动。

3—工作台:用以安装铣床夹具和工件,带动工件实现各种进给运动。

4—横向溜板:用来带动工作台实现横向进给运动。有些机床配置了横向进给箱,可以使工作台实现横向机动进给。

5—升降台:用来支承横向溜板和工作台,带动工作台作上、下移动。

6—床脚:用来支持机床主体,承受铣床的全部重量,贮存切削液。

7—电器箱:安装变压器、继电器等各类机床电器。

8—纵向走刀控制器:可实现工作台的纵向快速进给及加工时的机动进给,可无级调速。

9—床身:机床的主体,用来安装和连接机床的其他部件。床身正面有垂直导轨,可引导升降台做上、下移动。床身顶部有燕尾形水平导轨,用以安装横梁并按需要引导横梁作水平移动。床身内部装有主轴和主轴变速机构。

10—光栅尺:可数字显示机床的纵向和横向的坐标值,精确到 0.005mm,便于加工时控制工件的尺寸精度。

11—摇臂(滑枕):可沿床身顶部燕尾形导轨移动及转动,并可按需要调节其伸出长度,从而改变立铣头的加工行程。

3. 龙门铣床

龙门铣床是无升降台铣床的一种类型,属于大型铣床。铣削动力安装在龙门导轨上,可做横向和升降运动;工作台安装在固定床身上,仅做纵向移动。龙门铣床根据铣削动力头的数量分别有单轴、双轴、四轴等多种形式。

图 2-3 是一台龙门铣床(扫描二维码观看高清图),铣削时,若同时安装多把铣刀,可铣削工件的几个表面,工作效率高,适宜加工大型箱体类工件表面,如机床床身表面等。

4. 卧式铣床

图 2-4 是 X6132 型卧式万能铣床的外形(扫描二维码观看高清图)。其主要特征是铣床主轴轴线与工作台台面平行。因主轴呈横卧位置,所以称为卧式铣床。

图 2-3　龙门铣床　　　　　　　　　图 2-4　X6132 型卧式万能铣床

龙门铣床　　　　　　　　X6132 型卧式万能铣床

铣削时,将铣刀安装在与主轴相连接的刀轴上,随主轴做旋转运动,被切工件安装在工作台面上对铣刀做相对进给运动从而完成切削工作。

卧式铣床的加工范围很广,常用于加工箱体,也可以加工沟槽、平面、特形面、螺旋槽等。卧式万能铣床还带有较多附件,因而加工范围比较广,应用范围广泛。

2.1.2　铣床型号的编制方法

铣床的型号不仅是一个代号,它还能反映出机床的类别、结构特征、性能和主要的技术规程。铣床型号的编制采用汉语拼音字母和阿拉伯数字按一定规律组合排列而成的。这里仅介绍表示法和机床类别代号、机床通用特性代号、铣床类组系代号及主参数或设计顺序号的意义。

1. 各代号的意义

1) 类代号

机床类代号用汉语拼音字母表示,处于整个型号的首位。例如,"铣床类"第一个汉字拼音字母是"X"(读作"铣"),则型号首位用"X"表示;"磨床类"就用拼音字母"M"表示机床代号。

2) 机床通用特性及结构特性代号

机床通用特性代号用汉语拼音字母表示,位居类代号之后,用来对类型和规格相同而结构不同的机床加以区分。例如,"数字控制铣床",机床类别代号用"X"表示,居首位,通用特性代号用"K"表示,位居"X"之后,其汉语拼音字母的代号为"XK"。如果结构特性不同,也采用汉语拼音字母表示,位居通用特性之后,但具体字母表示意义没有明文规定。

3) 组、系代号

机床组、系代号用两位阿拉伯数字表示,位于类代号或特性代号之后。例如,铣床"X5032",在"X"之后的两位数字"5"表示立式铣床,"0"表示不带回转工作台;铣床"X6132",在"X"之后的两位数字"6"表示卧式铣床,"1"表示升降台。

4) 主要参数代号或设计顺序代号

机床型号中的主要参数代号是将实际数值除以 10 或 100,折算后用阿拉伯数字表示的,位居组、系代号之后。机床的主参数经过折算后,当折算值大于 1 时,用整数表示。例如,工作台面宽度 320mm 是"X5032"的主参数,按 1/10 折算值为 32,大于 1,则主参数代号用"32"表示。也有一些用 1/100 进行折算表示,常见于龙门铣床、双柱铣床等较大型的铣床。各种机床的主参数内容有所不同,如"X5032""X6132"铣床的主参数都是工作台面的宽度,而键槽铣床则表示加工槽的最大宽度。

机床的统一名称和组、系划分以及型号中主参数的表示方法,见标准《金属切削机床型号编制方法》(GB/T 15375—2008)中的金属机床统一名称和类、组、系划分表。

2. 型号举例

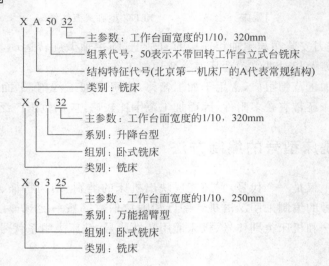

2.1.3 XA5032 型立式升降台铣床

XA5032 型立式升降台铣床是本书操作加工主要使用的设备之一,在这里将重点介绍,其外形如图 2-5 所示(扫描二维码观看高清图),各部件的功用如下。

XA5032 型立式升降台铣床

1—立铣头:其功能是将主电动机的额定转速通过皮带传动变换成 18 种不同的主轴转速,以适应各种铣削加工的需要。

2—主轴进给锁定手柄:用以锁紧固定主轴升降台。

3—主轴:用来安装铣刀刀杆和铣刀。主电动机输出的旋转运动,经主轴变速机构驱动主轴连同铣刀一起旋转,实现铣削加工的主运动。

4—工作台:用以安装铣床夹具和工件,带动工件实现各种进给运动。

5—横向进给锁定手柄:用以锁紧固定工作台横向移动。

6—横向和垂向机动控制手柄:用以控制工作台横向、垂向自动进给方向的选择,此手柄为复合手柄,该手柄有 5 个位置。

7—升降手柄:用来带动工作台实现升降进给运动。

8—底座:用来支持机床主体,承受铣床的全部重量,盛贮切削液。

9—横向进给手柄:用来带动工作台实现横向进给运动。

10—纵向进给手柄:用来带动工作台实现纵向进给运动。

11—升降台:用来支承横向溜板和工作台,带动工作台作上、下移动。

12—纵向机动控制手柄:用以控制工作台纵向自动进给方向的选择,此手柄为复合

图 2-5 XA5032 型立式升降台铣床

1—立铣头；2—主轴进给锁定手柄；3—主轴；4—工作台；5—横向进给锁定手柄；
6—横向和垂向机动控制手柄；7—升降手柄；8—底座；9—横向进给手柄；10—纵
向进给手柄；11—升降台；12—纵向机动控制手柄；13—主轴升降手柄

手柄，该手柄有三个位置。

13—主轴升降手柄：用来带动主轴升降套进行升降移动。

2.1.4 XA5032 型立式升降台铣床的主要技术参数

XA5032 型立式升降台铣床的主要技术参数如表 2-1 所示。

表 2-1 XA5032 型立式升降台铣床的主要技术参数

工作台工作面积（宽×长）	320mm×1250mm
立铣头最大回转角度	±45°
工作台最大行程	
纵向（手动/机动）	800mm/790mm
横向（手动/机动）	300mm/295mm
垂向（升降）（手动/机动）	400mm/390mm
主轴端面至工作台面间距离	
最大	430mm
最小	60mm
主轴锥孔锥度	7：24
床身垂直导轨面至工作台中心的距离	
最大	470mm
最小	215mm
主轴轴线至垂直导轨面间距离	350mm
主轴轴向移动距离	70mm
主轴转速（18级）	30～1500r/min

续表

工作台进给速度	
纵向(18级)	23.5～1180mm/min
横向(18级)	23.5～1180mm/min
垂向(18级)	8～394mm/min
主电动机功率	7.5kW
主电动机转速	1450r/min
电动机总功率	9.125kW
机床工作精度	
加工表面的平面度	0.02mm
加工表面的平行度	0.02mm
加工表面的垂直度	0.02mm/100mm
加工表面的表面粗糙度 Ra 值	1.6μm

2.1.5 立式炮塔铣床

立式炮塔铣床是本书操作加工主要使用设备之一,在这里将重点介绍,其外形如图 2-6 所示(扫描二维码观看高清图),各部件的功用如下。

立式炮塔铣床

图 2-6 立式炮塔铣床

1—立铣头；2—主轴；3—工作台；4—横向走刀器；5—升降台手柄；
6—底座；7—电器箱；8—纵向走刀器；9—床身；10—光栅尺

1—立铣头：其功用是将主电动机(双速电机)的额定转速通过皮带传动变换成 16 种不同的主轴转速,以适应各种铣削加工的需要。立铣头可以在 X 和 Y 方向转动。

2—主轴：是一前端带锥孔的空心轴，锥孔的锥度为 7：24，用来安装铣刀刀杆和铣刀。主轴是主要部件，要求旋转时平稳、无跳动、刚性好，通常用优质结构钢制造，并需要经过热处理和精密加工。主电动机输出的旋转运动经主轴变速机构驱动主轴连同铣刀一起旋转，实现铣削加工的主运动。

3—工作台：用以安装铣床夹具和工件，带动工件实现各种进给运动。

4—横向走刀器：用来带动工作台实现横向进给运动。有些机床配置了横向进给箱，可以使工作台实现横向机动进给。

5—升降台手柄：使整个工作台沿床身导轨作垂直移动，调整工作台台面与铣刀的距离，作垂直进给。

6—底座：是机床的支撑部件，具有足够的强度和刚度，承受铣床的全部重量。底座的内腔盛装切削液，供切削时冷却润滑。

7—电器箱：安装变压器、继电器等各类机床电器。

8—纵向走刀器：用来带动工作台实现纵向进给运动。可实现工作台的纵向快速进给及加工时的机动进给，可无级调速。

9—床身：是机床的主体，用来安装和连接机床的其他部件。床身正面有垂直导轨，可引导升降台做上、下移动。床身顶部有水平导轨，用以安装横梁并按需要引导横梁做水平移动。床身内部装有主轴、主轴变速机构和润滑油泵等。

10—光栅尺：可数字显示机床的纵向和横向的坐标值，精确到 0.005mm，便于加工时控制工件的尺寸精度。

2.1.6 立式炮塔铣床的主要技术参数

立式炮塔铣床的主要技术参数如表 2-2 所示。

表 2-2 立式炮塔铣床的主要技术参数

工作台尺寸	1370mm×360mm
左右行程	900mm
前后行程	300mm
上下行程	380mm
主轴电机	4HP
主轴锥孔	NST40
主轴直径	105mm
主轴转速	（立）80～5440r/min(16 速)
立铣头倾斜角度	90°（左）～90°（右）
T 形槽	16mm×3mm×65mm
伸出臂行程	600mm
机器重量	1700kg

2.1.7　铣削加工范围

铣削是以铣刀旋转作主运动,工件或铣刀作进给运动的切削加工方法,是最常用的切削加工方法之一。加工精度 IT9～IT7；$Ra6.3\mu m$～$Ra1.6\mu m$。铣削加工范围广,生产率高。其工作范围如图 2-7 所示。

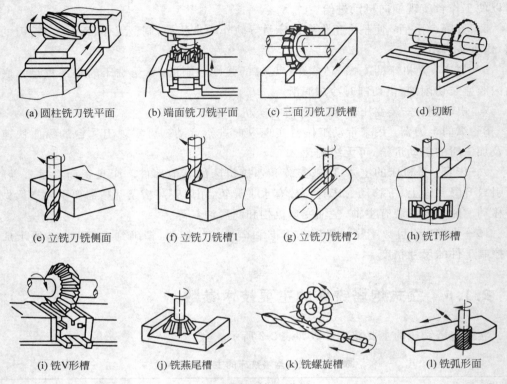

图 2-7　铣削加工范围

2.1.8　铣床的基本操作

铣床的型号较多,不同型号铣床的技术参数各不相同,如转速及进给可调范围、工作台尺寸、电动机功率以及加工方式等。本书重点介绍 XA5032 型立式升降台铣床和立式炮塔铣床的基本操作,XA5032 型立式升降台铣床外观形状如图 2-5 所示,立式炮塔铣床外观形状如图 2-6 所示。

1. XA5032 型立式升降台铣床的基本操作

1）立铣头系统的操作方法

启动、制动操作示意如图 2-8 和图 2-9 所示。

图 2-8 电源开关

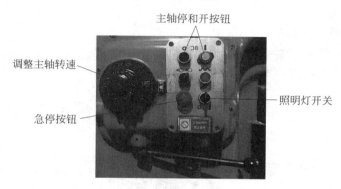

图 2-9 主轴启动开关

（1）启动

① 打开铣床电源。

② 扳动开关至所需的主轴转向（正转或反转）。

③ 调整主轴转速。

④ 按主轴启动。

（2）制动

① 停止进行中的进给。

② 按主轴停止。

2）速度变换

速度变换操作示意如图 2-10 所示。

图 2-10 速度变换操作示意图

（1）按主轴停止。

（2）向左转动旋钮（主轴制动）。

（3）操作杆向下摆动少许，然后向左摆动约 90°。

（4）旋转刻度盘，把所需的数值对准"←"箭头。

（5）把操作杆复位到原来位置。

（6）向右转动旋钮，完成速度变换。

3）主轴头进给

主轴头进给机构图如图 2-11 所示。

（1）松开进给锁定控制手柄。

（2）此时升降套的进给即可用升降手柄来控制。

进给锁定控制手柄　　　　　主轴升降手柄

图 2-11　主轴头进给机构图

4）工作台的操作方法

工作台的进给分手动进给和自动进给两种方式。

用手分别摇动横向、纵向和垂向（升降台）手柄做往复运动，可实现工作台各方向的移动。当顺时针转动工作台各手柄时，纵向工作台向右移动，横向工作台向里移动，升降台向上移动。当逆时针转动工作台各手柄时，各工作台反向移动。手动进给时，速度要均匀适当。

工作台的自动进给必须启动主轴后才能进行。工作台横向、纵向和垂向的自动进给手柄均为复式手柄。

（1）工作台的横向移动

工作台横向进给手柄和进给锁定手柄如图 2-12 所示。横向刻度盘均匀分布了 120 格，每格示值为 0.05mm，手柄转过一周，工作台移动 6mm。横向和垂向机动进给由同一手柄操作，该手柄有 5 个位置，手柄操作示意如图 2-13 所示。手柄推动的方向即为工作台移动的方向，停止机动进给时，把手柄推至中间位置。

（2）工作台的纵向移动

工作台纵向进给手柄和进给锁定手柄如图 2-14 所示。纵向刻度盘均匀分布了 120 格，每格示值为 0.05mm，手柄转过一周，工作台移动 6mm。纵向机动进给手柄有 3 个位置，手柄操作示意如图 2-15 所示。手柄推动的方向即为工作台移动的方向，停止机动进给时，把手柄推至中间位置。

图 2-12　横向进给手柄和进给锁定手柄

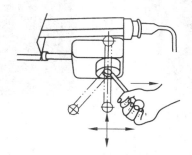

图 2-13　横向和垂向机动进给手柄操作示意

图 2-14　纵向进给手柄和进给锁定手柄

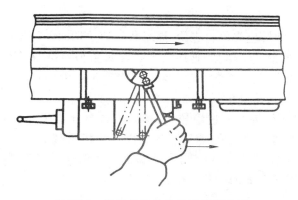

图 2-15　纵向机动进给手柄操作示意

（3）升降座（含鞍座、工作台）的升降移动（垂向移动）

升降座与机身之间移动的升降手柄和垂向机动进给手柄如图 2-16 所示；升降锁定手柄如图 2-17 所示。升降手柄（垂向）刻度盘均匀分布 60 格，每格示值为 0.05mm，手柄转过一周，工作台移动 3mm。横向和垂向机动进给由同一手柄操作，该手柄有 5 个位置，手柄操作示意如图 2-12 所示。手柄推动的方向即为工作台移动的方向，停止机动进给时，把手柄推至中间位置。

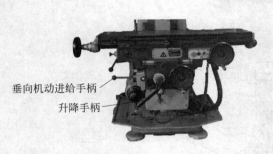

图 2-16　升降座与机身之间的移动　　　　　图 2-17　升降座与机身之间锁定

5）横向、纵向机动进给变速的操作方法

进给量变速器的外形如图 2-18 所示；进给量变速操作示意如图 2-19 所示。

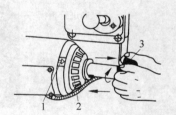

图 2-18　进给量变速器　　　　　　　　图 2-19　进给量变速操作示意
　　　　　　　　　　　　　　　　　1—刻度指针；2—转速盘；3—变速手柄

（1）变换进给速度时，应先停止进给，然后将变速手柄向外拉出并转动。

（2）通过变速手柄带动转速盘，把所需的进给量数值对准"←"刻度指针后再把变速手柄推回原位，便完成进给量调整。转速盘上有 23.5～1180mm/min 18 种不同的进给速度。

变换进给速度时必须将快速进给按钮关闭，离合器处于脱开状态，工作台将不会移动，此时才能进行进给速度的变换，否则会损伤齿轮及其他零件。

（3）齿轮箱中有一超载离合器，用于保护齿轮式进给器。当受到超大扭力时，超载离合器打滑空转，从而保护里面的齿轮不受到损伤。

2．立式炮塔铣床的基本操作

1）立铣头系统的操作方法

立铣头的操作手柄结构如图 2-20 所示。启动、制动操作示意如图 2-21 所示。

图 2-20　立铣头的操作手柄结构

图 2-21　启动、制动操作示意

1—主轴刹车手柄；2—开关；3—进给量选择柄；4—校准参考面；5—进给控制杆；6—升降套筒；7—主轴；8—升降套筒固定杆；9—深度控制游标刻度环；10—升降套筒进给把手；11—自动进给驱动柄；12—后列齿轮选择柄；13—皮带松紧及变速控制杆；14—主轴离合器杆

（1）启动

① 接通电源。

② 扳动头部左侧的开关至所需转向（正转或反转）。

（2）制动

① 停止进行中的进给。

② 关掉电源开关。

③ 扳动主轴刹车杆，直到主轴完全停止。

2）速度变换（变速前停止电动机）

速度变换操作示意如图 2-22 所示。

图 2-22　速度变换操作示意

　　手柄 1、2 同处 A 位置时为直接皮带驱动,同处 B 位置时为后列齿轮传动(手柄 1 以对好孔为到位,手柄 2 以扳不动为到位)。

　　由 B 转为 A 时,要注意离合器切实啮合(听到"咔"一声)后再开车。如开机后有齿轮响声请立即关机,转动皮带让皮带轮下降与齿轮啮合后再开机。

　　(1)同范围内变速

　　① 关掉电源。

　　② 放松电动机固定杆(手柄 3)。

　　③ 向前移动电动机。

　　④ 将皮带置入合适的皮带轮沟内。

　　⑤ 将电动机推向后方,使 V 形皮带拉紧。

　　⑥ 锁紧电动机固定杆。

　　(2)从直接驱动变到后齿轮传动

　　① 关掉电源。

　　② 主轴端面将手柄 1 置于 B 位置孔内。

　　③ 手柄 2 置于 B 位置(扳到底)。

　　④ 转动皮带让皮带轮下降。

　　⑤ 转动主轴无异常声音。

　　⑥ 主轴转速即由高速变为低速。

　　3)手动微量进给

　　进给结构示意如图 2-23 所示。

图 2-23　进给结构示意

A—自动进给驱动柄;B—进给控制杆;C—进给方向控制钮;
D—升降套固定杆;E—游标指示环;F—进给量控制柄

　　(1)松开自动进给驱动柄 A。

　　(2)将进给方向控制钮 C 置于中央(空挡)位置。

　　(3)扳动进给控制杆 B 使离合器啮合。

　　(4)此时升降套的进给即可用手轮来控制。

　　4)自动进给

　　操作示意如图 2-23 所示。

　　(1)放松升降套固定杆 D。

　　(2)调整游标指示环 E 至所需要的深度。

（3）扳动自动进给驱动柄 A（要先停止电动机）。

（4）由进给量控制柄 F 选择进给量。

（5）由进给方向控制钮 C 选定进给方向。

（6）将升降套进给把手朝下，使升降套停止挡离开限位销。

（7）扳动进给控制杆 B 使离合器啮合。

（8）这时升降套即可自动进给。

注意：最大钻孔径为 9.5mm（材料：钢）；当主轴转速超过 3000r/min 时，请勿使用自动进给。

5）升降套快速手动进给

升降套快速手动进给操作示意如图 2-24 所示。

（1）置手柄于轮壳上。

（2）选择最合适的位置。

（3）推动手柄直至定位销啮合。

6）工作台的操作方法

（1）鞍座（含工作台）的横向移动

鞍座（含工作台）的横向手动、机动进给手柄如图 2-25 所示。纵向、横向刻度盘均匀分布 120 格，每格示值为 0.05mm，手柄转过一周，工作台移动 6mm。垂向刻度盘均匀分布 60 格，每格示值为 0.05mm，手柄转过一周，工作台移动 3mm。

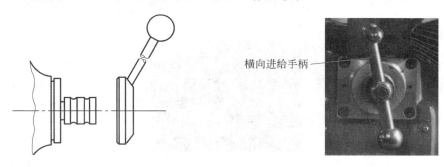

图 2-24　升降套快速手动进给　　　　图 2-25　横向进给手柄

鞍座与升降座之间滑动的固定操作示意如图 2-26 所示。固定时，用适当的压力即可，用力太大会使工作台变形。

图 2-26　鞍座与升降座之间的固定

（2）工作台的纵向移动

工作台的纵向进给手柄如图 2-27 所示。

纵向进给手柄

图 2-27　纵向进给手柄

工作台与鞍座之间滑动的固定操作示意如图 2-28 所示。固定时，用适当的压力即可。

固定把手

图 2-28　工作台与鞍座之间的固定

（3）升降座（含鞍座、工作台）的升降移动

升降座与机身之间滑动的操作手柄及固定操作示意如图 2-29 所示，固定时，用适当的压力即可。

锁紧手柄

升降手柄

图 2-29　升降座与机身之间滑动

7）纵向机动进给的操作方法

立式炮塔铣床可根据需要选择使用机械进给走刀器或电动进给器。

（1）机械齿轮进给器的操作方法

机械齿轮进给器的外形示意如图 2-30 所示。

① 将行程开关手柄位于中间（STOP）位置，快速手柄位于中间（STOP）位置，即可进行手动操作。

② 接通电源，将行程开关手柄置于左（右），电动机即开始工作。将快速手柄置于左边（RAPID）快速位置，工作台将会快速移动，将快速手柄置于右边（ ⋀⋀⋀ ）位置，工作台将会自动进给，并通过改变齿轮箱面板上的 3 个变速手柄即可得到 8 种不同的进给速度。如 X6235 型万能摇臂铣床的进给量可调值只有 8 组数值：18、27、40、58、93、137、200、308。

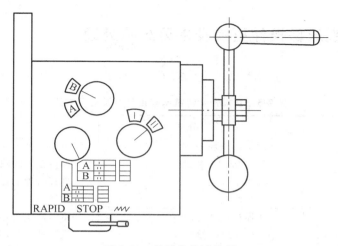

图 2-30　机械齿轮进给器

变换进给速度时必须将快速手柄置于中间（STOP）位置，离合器处于脱开状态，工作台将不会移动，此时才能进行进给速度的变换，否则会损伤齿轮及其他零件。

齿轮箱中有一个超载离合器，用于保护齿轮式进给器。当受到超大扭力时，超载离合器打滑空转，从而保护里面的齿轮不致受到损伤。

（2）电动进给器的操作方法

电动进给器的外形如图 2-31 所示。操作时，扳动方向选择开关，选择进给（或快速进给）的方向，旋转速度调节按钮即可得到所需的进给速度。

电动进给器操作便利，但进给力不大。

速度调节按钮

方向选择开关

图 2-31　电动进给器

扫描二维码观看"炮塔铣床基本操作介绍"视频。

炮塔铣床基本操作介绍

2.1.9　铣床易损件更换及常见故障处理

立式升降台铣床常见故障及处理方法如表 2-3 所示。

表 2-3　立式升降合铣床常见故障及处理方法

故 障 现 象	原 因 分 析	处 理 方 法
铣出工件不平整	主轴轴承松动	调整主轴轴承间隙
	X、Y 轴镶条松动	调整镶条间隙
	加工量太大	选择合理的加工量
	刀具磨损	更换刀具
切削时振动	机器摆放不稳固	重新固定机器
	切削条件不恰当	选择适当的切削速度、用量
工作台手感重	调整楔铁紧	调整楔铁
	丝杠与丝母间隙不当	调整间隙
	油路堵塞	检查油路并修复
	油泵无油	注油
	油泵不工作	检查油泵及线路
主轴套筒紧	主轴套筒缺油	定期加油
	主轴套筒脏，拉毛	清洗套筒及修复
无冷却液	水泵不工作	检查水泵
	水泵反转	更改水泵转动方向
主轴进给不顺	升降套固定杆未放松	放松固定杆
主轴刹车失灵	刹车环磨损	更换刹车环
主轴不转	开关接触不良	检查电源开关
	皮带太紧	调整或修理
	电动机出问题	修理
转向错误	电源开关扭转位置不对	转变开关指示位置

2.2　切　削　液

2.2.1　切削液的作用

切削液是金属切削加工的重要配套材料。人们常常把切削液称为冷却润滑液。切削液是在金属切削过程中注入工件与切削工具间的液体，主要作用如下。

（1）冷却作用：吸收带走切削过程产生的大量切削热。

（2）润滑作用：减小切屑与刀具、工件与刀具间的摩擦，提高表面加工质量，延长刀具寿命。

（3）清洗、防锈作用：把切屑冲走，使工件、刀具、机床不受周围介质腐蚀。

2.2.2 切削液的种类、性能和选用

1. 切削液的种类和主要性能

切削液根据其性质不同分为水基切削液和油基切削液两大类。水基切削液是以冷却为主、润滑为辅的切削液,包括合成切削液(水溶液)和乳化液两类。铣削中常用的是乳化液。油基切削液是以润滑为主、冷却为辅的切削液,包括切削油和极压油两类。铣削中常用的是切削油。

1) 乳化液

乳化液是由乳化油用水稀释而成的乳白色液体。其流动性好,比热容大,黏度小,冷却作用良好,并具有一定的润滑性能。主要用于钢、铸铁和有色金属的切削加工。

2) 切削油

切削油主要是矿物油,其他还有动、植物油和复合油(以矿物油为基础,添加5%～30%的混合植物油)等。切削油有良好的润滑性能,但流动性和比热容较小,散热效果较差。常用切削油有10号机械油、20号机械油、煤油和柴油等。

2. 切削液的选用

切削液应根据工件材料、刀具材料、加工方法和要求等具体条件综合考虑,合理选用。常用切削液的选用如表 2-4 所示。

表 2-4 常用切削液的选用

加工材料	铣 削 种 类	
	粗 铣	精 铣
碳钢	乳化液、苏打水	乳化液(低速时质量分数为 10%～15%,高速时质量分数为 5%)、极压乳化液、复合油、硫化油等
合金钢	乳化液、极压乳化液	乳化液(低速时质量分数为 10%～15%,高速时质量分数为 5%)、极压乳化液、复合油、硫化油等
不锈钢及耐热钢	乳化液、极压切削油;硫化乳化液;极压乳化液	氯化煤油;煤油加 25% 植物油;煤油加 20% 松节油和 20% 油酸、极压乳化液;硫化油(柴油加 20% 脂肪和 5% 硫黄)、极压切削油
铸钢	乳化液、极压乳化液、苏打水	乳化液、极压切削油、复合油
青铜、黄铜	一般不用,必要时用乳化液	乳化液;含硫极压乳化液
铝	一般不用,必要时用乳化液、复合油	柴油、复合油、煤油、松节油
铸铁	一般不用,必要时用压缩空气或乳化液	一般不用,必要时用压缩空气或乳化液或极压乳化液

(1) 粗加工时,切削余量大,产生热量多,温度高,而对加工表面质量的要求不高,所以应采用以冷却为主的切削液。精加工时,加工余量小,产生热量少,对冷却的作用

要求不高，而对工件表面质量的要求较高，并希望铣刀耐用，所以应采用以润滑为主的切削液。

（2）铣削铸铁、黄铜等脆性材料时，一般不用切削液，必要时可用煤油、乳化液和压缩空气。

（3）使用硬质合金铣刀作高速切削时，一般不用切削液，必要时用乳化液，并在开始切削之前就连续充分地浇注，以免刀片因骤冷而碎裂。

2.2.3　使用切削液的注意事项

（1）乳化液需要稀释，但会污染环境，应尽量使用环保切削液。

（2）切削液必须浇在切削区域。

（3）用硬质合金刀切削时，一般不加切削液。如要使用，必须从开始就充分浇注。

（4）控制好切削液流量。

（5）铣削脆性材料时（如铸铁），不宜加注切削液，因切屑或碎末与切削液混合后，对铣床导轨造成伤害。

2.3　铣床的润滑和维护保养

2.3.1　铣床的润滑

必须按期、按油质要求对铣床加注润滑油，加注润滑油时一般使用手捏式油壶。以下是铣床上需要注油的部位及操作方法。

（1）垂向导轨油孔是弹子油杯，注油时，用油壶嘴压住弹子后注入润滑油。

（2）纵向工作台两端油孔各有一个弹子油杯，注油方法同垂向导轨油孔。

（3）横向丝杠处，用油壶直接注射于丝杠表面，并摇动横向工作台，使整个丝杠都注到油。

（4）导轨滑动表面应在工作前、后擦净并加注润滑油。

（5）手动油泵在纵向工作台左下方，加注润滑油时，开动纵向机动进给，工作台往复移动的同时拉动手动油泵，使润滑油流至纵向工作台运动部位。

（6）手动油泵油池在横向工作台左上方，注油时旋开油池盖，注入润滑油至油标线。

（7）挂架上的油池在挂架轴承处，注油方法同手动油泵油池。

2.3.2　铣床日常保养

1. 课前保养

（1）对重要部位进行检查。

（2）擦净外露导轨面并按规定润滑各部分。

（3）空运转并查看润滑系统是否正常。检查各油平面,不得低于油标以下,加注各部位润滑油。

2. 课后保养

（1）做好床身及部件的清洁工作,清扫铁屑及周边环境卫生。

（2）擦拭机床;清洁工具、夹具、量具。

（3）各部归位。

2.3.3　铣床周末（长假前）保养范围

1. 清洁

（1）清除各部位积屑。

（2）擦拭工作台、床身导轨面、各丝杠、机床各表面及死角、各操作手柄及手轮。

（3）拆卸清洗油毛毡,清除铁片杂质。

2. 润滑

（1）各部油嘴、导轨面、丝杠及其他润滑部位加注润滑油。

（2）检查主轴箱、进给箱油位,并加油至标高位置。

3. 扭紧

（1）检查并紧固工作台压板螺钉,检查并紧固各操作手柄螺钉及定位销。

（2）检查并紧固其他各部松动螺钉。

4. 调整

（1）检查调整离合器、丝杠合令、镶条、压板松紧至合适。

（2）检查其他调整部位。

5. 防腐

（1）除去各部锈蚀,保护喷漆面,勿碰撞。

（2）停用、备用设备导轨面、滑动面、各部手轮手柄及其他暴露在外易生锈的各种部位应涂油覆盖。

2.3.4　铣床一级保养

铣床运转 500 小时后要进行一级保养。保养作业以操作人员为主,维修工人或指导老师配合进行。应先切断电源,然后进行保养工作。铣床一级保养的内容和要求如表 2-5 所示。

表 2-5　铣床一级保养的内容和要求

序号	保 养 部 位	保养内容及要求
1	外保养	清洗机床外表及各罩壳,保持内外清洁,无锈蚀,无黄袍;补齐、紧固螺钉、螺母、手柄、手球等机件,保持机床整齐;清洗附件,做到清洁、整齐、防锈
2	变速箱、铣头箱、进给箱、主轴箱	检查、调整各箱内主轴、轴、轴承、齿轮等传动件间隙
3	工作台	清除工作台台面毛刺
4	润滑	清洗滤油器、油毡、油孔,油路畅通,油杯齐全,油标明亮;检查紧固油管接头,无泄漏
5	冷却	清洗冷却泵,冷却液箱,冷却管路,做到整齐、畅通、牢固、无泄漏;更换冷却液
6	电器	清扫电器箱、电动机;电器装置固定整齐,安全可靠;检查、紧固接零装置

2.3.5　铣床二级保养

机床运行 5000 小时进行二级保养,以维修工人为主,操作人员参加,除执行一级保养内容及要求外,应做好下列工作,并检查易损件,提出备品配件。应先切断电源,然后进行保养工作。铣床二级保养的内容和要求如表 2-6 所示。

表 2-6　铣床二级保养的内容和要求

序号	保 养 部 位	保养内容及要求
1	变速箱、铣头箱、进给箱、主轴箱	检查、调整各传动系统间隙和轴向窜动;调整铣头箱刹紧机构及分度蜗轮付中心距;修复或更换磨损零件
2	工作台	清扫工作台,清除导轨毛刺;修复或更换磨损零件
3	润滑	拆洗泵体;修复或更换磨损零件
4	电器	检修电器箱,整整线路,清洗电动机;修复或更换损坏零件;电器符合设备完好标准要求
5	精度	校正机床水平,检查、调整、修复精度,精度符合设备完好标准要求

第3章

铣床常用的工量刃具

本章要点

能够叙述铣工的常用工量刃具以及使用要求。

技能目标

熟悉铣工常用工量刃具的使用操作方法要领以及对工量刃具进行日常保养。

学习建议

谨记工量刃具的使用方法，以免错误使用、检测甚至损坏工量刃具。

3.1 铣工常用工量刃具及使用

铣工常用工量刃具如图 3-1 所示（扫描二维码观看高清图）。

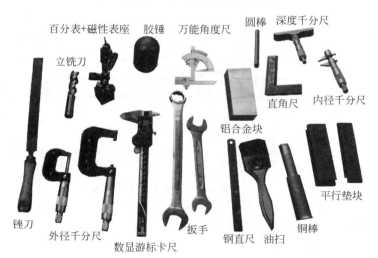

铣工常用工量刃具

图 3-1 铣工常用工量刃具

下面举例介绍几种常用工量刃具的使用方法。

3.1.1　游标卡尺

1. 游标卡尺的结构

游标卡尺是一种中等精度的量具,在铣工操作中常常用到,它可以直接量出工件的外径、孔径、长度、宽度、深度和孔距等尺寸。

如图 3-2 所示是两种常用游标卡尺的结构形式。

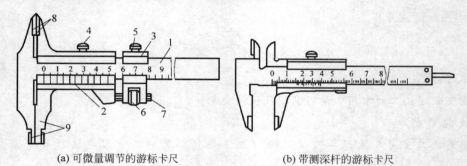

(a) 可微量调节的游标卡尺　　　　　　　(b) 带测深杆的游标卡尺

图 3-2　游标卡尺

1—尺身;2—游标;3—辅助游标;4、5—螺钉;6—微动螺母;7—小螺杆;8、9—量爪

如图 3-2(a)所示为可微量调节的游标卡尺,其主要由尺身和游标等组成。

如图 3-2(b)所示为带测深杆的游标卡尺,其结构比较简单轻巧,上端两量爪可测量孔径、孔距及槽宽,下端两量爪可测量外圆和长度等,还可用尺后的测深杆测量内孔和沟槽深度。

游标卡尺测量操作如图 3-3 所示。

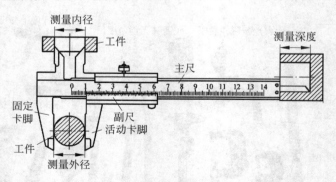

图 3-3　游标卡尺测量操作

2. 游标卡尺的刻线原理和读法

1) 1/20mm(0.05mm)游标卡尺

尺身上每小格是 1mm,当两量爪合并时,游标上的 20 格刚好与尺身上的 19mm 对正,如图 3-4 所示。因此,尺身与游标每格之差为:$1-19/20=0.05$(mm),此差值即为

1/20mm游标卡尺的测量精度。

图 3-4　读数为 0.05mm 游标卡尺刻线原理

用游标卡尺测量工件时,读数方法分以下三个步骤。

(1) 读出游标上零线左面尺身的毫米整数(读游标卡尺尺身上面的数字时要注意,"1"对应的刻度读数为 10mm,"2"对应的刻度读数为 20mm;以游标"0"刻度对正读数,切勿以游标最右边沿对正读数)。

(2) 读出游标上哪一条刻线与尺身刻线对齐(第一条零线不算,第二条起每格算 0.05mm)。

(3) 把尺身和游标上的尺寸加起来即为测得尺寸。

如图 3-5 所示,是读数值为 1/20mm(0.05mm)游标卡尺所表示的尺寸。

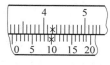

4+7×0.05=4.35(mm)　　70+1×0.05=70.05(mm)　　32+10×0.05=32.50(mm)

图 3-5　1/20mm(0.05mm)游标卡尺读数方法

2) 1/50mm(0.02mm)游标卡尺

尺身上每小格是 1mm,当两量爪合并时,游标上的 50 格刚好与尺身上的 49mm 对正,如图 3-6(a)所示。尺身与游标每格之差为 $1-49/50=0.02$(mm),此差值即为 1/50mm 游标卡尺的测量精度。

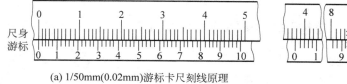
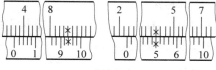

(a) 1/50mm(0.02mm)游标卡尺刻线原理　　　　　(b) 读数方法

图 3-6　游标卡尺刻线原理与读数方法

1/50mm(0.02mm)游标卡尺测量时的读数方法与 1/20mm(0.05mm)游标卡尺相同。

如图 3-6(b)所示是读数值为 1/50mm(0.02mm)游标卡尺所表示的尺寸。读数分别记为 37+47×0.02=37.94(mm),21+25×0.02=21.50(mm)。

3. 游标卡尺的使用注意事项

(1) 按工件的尺寸大小和尺寸精度要求,选用合适的游标卡尺。游标卡尺只适用于中等公差等级(IT10～IT16)尺寸的测量和检验,不能用游标卡尺去测量铸锻件等毛坯尺寸,否则,量具会很快被磨损而失去精度;也不能用游标卡尺去测量精度要求过高的工件,因为读数值为 0.02mm 的游标卡尺可产生 ±0.02mm 的示值误差。

（2）使用前要对游标卡尺进行检查。应先把量爪和被测工件表面的灰尘与油污等擦干净,以免碰伤游标卡尺量爪和影响测量精度,同时检查各部件的相互作用,如尺框和微动装置移动是否灵活,坚固螺钉是否能起作用等。检查量爪测量面和测量刃口是否平直无损;使游标卡尺两量爪紧密贴合,用眼睛观察应无明显的光隙。尺身和游标的零线要对齐。

（3）检查游标卡尺零位,使游标卡尺两量爪紧密贴合,用眼睛观察应无明显的光隙,同时观察游标零刻线与尺身零刻线是否对准,游标的尾刻线与尺身的相应刻线是否对准。最好把游标卡尺量爪闭合三次,观察各次读数是否一致。如果三次读数虽然不是零,但读数完全一样,可把这数值记下来,在测量时,加以修正。

（4）使用时,要掌握好量爪面同工件表面接触时的压力,既不能太大,也不能太小,刚好使测量面与工件接触,同时量爪还能沿着工件表面自由滑动。有微动装置的游标卡尺,应使用微动装置。

（5）测量外尺寸时,两量爪应张开到略大于被测尺寸而自由进入工件,以固定量爪贴住工件。然后用轻微的压力把活动量爪推向工件,卡尺测量面的连线应垂直于被测表面,不能歪斜,要掌握好量爪面同工件表面接触时的压力,既不太大,也不太小,刚好使测量面与工件接触,同时量爪还能沿着工件表面自由滑动。读数后,切不可从被测工件上猛力抽下游标卡尺,否则会使量爪的测量面磨损。

（6）测量内尺寸时,两量爪应张开到略小于被测尺寸,使量爪自由进入孔内,再慢慢张开并轻轻地接触零件的内表面。两测量爪应在孔的直径上,不能偏歪。

（7）读数时,应把游标卡尺水平地拿着朝亮光的方向,使视线尽可能地和尺上所读的刻线垂直,以免由于视线的歪斜而引起读数误差。最好在工件的同一位置多次测量,取它的平均值。

（8）不能用游标卡尺测量运动着的工件,不准以游标卡尺代替卡钳在工件上来回拖拉。

（9）游标卡尺不要放在强磁场附近（如磨床的磁性工作台上）,以免使游标卡尺感受磁化,影响使用。

（10）使用后,应将游标卡尺擦拭干净,平放在专用盒内,尤其是大尺寸游标卡尺。注意防锈、主尺弯曲变形。

4. 数显游标卡尺

数显游标卡尺跟普通游标卡尺结构相似,最大的区别是增加了一个电子显示屏幕,能直接显示读数,如图 3-7 所示。随着数显技术的成熟,加上数显游标卡尺读数方便,数显游标卡尺逐步取代了普通游标卡尺。

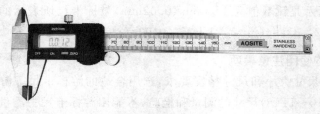

图 3-7 数显游标卡尺

3.1.2　万能角度尺

1. 万能角度尺的结构

万能角度尺是用来测量工件内、外角度的量具。按游标的测量精度分为 $2'$ 和 $5'$ 两种,其示值误差分别为 $\pm2'$ 和 $\pm5'$。测量范围是 $0°\sim320°$。使用较多的是测量精度为 $2'$ 的游标万能角度尺,如图 3-8 所示,主要由尺身、扇形板、游标、直尺等组成。

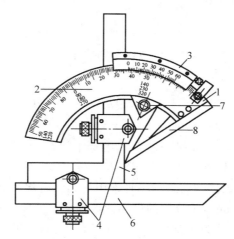

图 3-8　万能角度尺

1—尺身;2—扇形板;3—游标;4—支架;5—直角尺;6—直尺;7—制动器;8—基尺

2. 万能角度尺的刻线原理及读数方法

尺身刻线每格 $1°$,游标刻线是将尺身上 $29'$ 所占的弧长等分为 30 格,即每格所对的角度为 $\dfrac{29°}{30}$,因此游标 1 格与尺身 1 格相差:$1°-\dfrac{29°}{30}=\dfrac{1°}{30}=2'$,即游标万能角度尺的测量精度为 $2'$。

由于直尺和直角尺可以移动和拆换,通过改变基尺、角尺、直尺的相互位置可测试 $0\sim320°$ 任意角。万能角度尺的读数方法和游标卡尺相似,先从尺身上读出游标零线前的整度数,再从游标上读出角度"′"的数值,两者相加就是被测的角度数值。

3. 万能角度尺的使用

(1) 使用前,先将万能角度尺擦拭干净,再检查各部件的相互作用是否移动平稳可靠、止动后的读数是否不动,然后对零位。万能角度尺的零位是当角尺与直尺均装上,而角尺的底边及基尺与直尺无间隙接触,此时主尺与游标的"0"线对准。

(2) 测量时,放松制动器上的螺帽,移动主尺座作粗调整,再转动游标背面的手把作精细调整,直到使角度尺的两测量面与被测工件的工作面密切接触为止。然后拧紧制动器上的螺帽加以固定,即可进行读数。

(3) 测量完毕后,应用汽油把万能角度尺洗净,用干净的纱布仔细擦干,涂以防锈油,然后装入匣内。

（4）应用万能角度尺测量工件时，要根据所测角度适当组合量尺，其应用举例如图 3-9 所示。

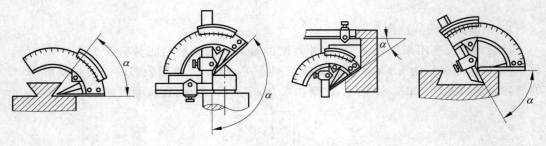

图 3-9　万能角度尺的使用

3.1.3　千分尺

千分尺是一种精密量具，它的测量精度比游标卡尺高，而且比较灵敏。因此，对于加工精度要求较高的工件尺寸，要用千分尺来测量。

千分尺是利用螺旋读数原理制造的一种常用量具。通常可分为百分尺和千分尺。百分尺的最小读数值是 0.01mm，千分尺的最小读数值是 0.001mm。千分尺在工厂用得较少，工厂中习惯上把百分尺称为千分尺。沿用工厂的习惯，这里介绍的千分尺实际是百分尺，其最小读数为 0.01mm。

1. 千分尺的种类

千分尺的种类很多，如外径千分尺、内径（内测）千分尺、测深千分尺、螺纹千分尺、杠杆千分尺等。外径千分尺使用较为广泛。

外径千分尺主要用来测量工件的外径、长度、厚度等。使用比较灵敏且精度比一般游标卡尺高，测量精度可达 0.01mm，并能准确地读出尺寸，因此在加工精度要求较高的工件测量时多应用千分尺。

外径千分尺的测量范围从零开始，每增加 25mm 为一种规格。常用的有 0～25mm、25～50mm、50～75mm、75～100mm、100～125mm 等规格。使用时按被测工件的尺寸选用。

2. 千分尺的结构

常用千分尺的结构形状如图 3-10 所示，它的量程是 0～25mm，分度值是 0.01mm。外径千分尺的结构由固定的尺架、测砧、测微螺杆、固定套管、微分筒、测力装置、锁紧装置等组成。固定套管上有一条水平线，这条线上、下各有一列间距为 1mm 的刻度线，上面的刻度线恰好在下面二相邻刻度线中间。微分筒上的刻度线是将圆周分为 50 等份的水平线，它是可以旋转运动的。

3. 千分尺的刻度原理

千分尺是利用螺旋副原理，对弧形尺架上两测量面间分隔的距离进行读数。测微螺

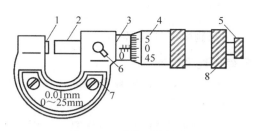

图 3-10 千分尺的结构

1—测砧；2—测微螺杆；3—固定套筒；4—微分筒；5—测力装置；6—锁紧装置；7—护板；8—后盖

杆每转一周它所移动的距离正好等于固定套筒上的一格；顺时针转一周，就使测距缩短 0.5mm；逆时针转一周，就使测距延长 0.5mm。如果转 1/2 周，就移动 0.25mm。将微分筒副尺沿圆周等分成 50 个小格，转 1/50 周（一小格），则移动距离为 $0.5 \times 1/50 = 0.01$(mm)。微分筒转动 10 小格时，就移动 0.1mm。因此从固定套筒上能读出毫米整数和半毫米数，从微分筒上读出精确到 0.01mm 的小数。

4. 千分尺的读数

千分尺的读数方法可分以下两步。

（1）读出微分筒边缘在固定套管主尺的毫米数和半毫米数。

（2）看微分筒上哪一格与固定套管上的基准线对齐，并读出不足半毫米的数。

如图 3-11 所示是千分尺的读数方法及读数值。

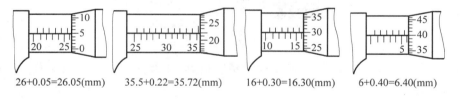

26+0.05=26.05(mm)　　35.5+0.22=35.72(mm)　　16+0.30=16.30(mm)　　6+0.40=6.40(mm)

图 3-11 千分尺读数方法及读数值

5. 外径千分尺使用注意事项

（1）在测量前，必须校对其零位，也即通常所称的对零位。对于测量范围 0～25mm 的千分尺，校对零位时应使两测量面接触；对于测量范围大于 25mm 时，应在两测量面间安放尺寸为其测量下限的测量棒后进行测量。调整零位，必须使微分筒上的棱边与固定套管上的"0"线垂合，同时要使微分筒上"0"线对准固定套管上的纵刻线。

（2）使用时应该用手握住隔热装置，否则会增加测量误差。一般情况下，应注意外径千分尺和被测工件具有相同的温度。

（3）千分尺两测量面将与工件接触时，要使用测力装置，不要直接转动微分筒。

（4）千分尺测量轴的中心线要与工件被测长度方向相一致，不要歪斜；使用千分尺测同一长度时，一般应反复测量几次，取其平均值作为测量结果。

（5）千分尺测量面与被测工件相接触时，要考虑工件表面的几何形状。

（6）在测量被加工的工件时，工件要在静态下测量，不要在工件转动或加工时测量，否则易使测量面磨损，测杆扭弯，甚至折断。

（7）按被测尺寸调节外径千分尺时，要慢慢地转动微分筒或测力装置，不要握住微分筒挥动或摇转尺架，以致使精密测微螺杆变形。

6．内径（内测）千分尺使用注意事项

（1）校对零位时，应用经鉴定合格的标准环规或量块和量块附件组合体，不宜选用外径千分尺，否则不能保证其精度。

（2）内径千分尺测量内尺寸时，仅能按量爪测量面长度进行测量。

（3）测量时，测量位置必须安放正确。测量孔时，用测力装置转动微分筒，使量爪在径向的最大位置和在轴向的最小距离处与工件相接触。

（4）不得把两量爪当作固定卡规使用，以免量爪的量面加快磨损。

3.1.4　直角尺

直角尺是用来测量两个面之间是否垂直的量具，如图 3-12 所示，其使用注意事项如下。

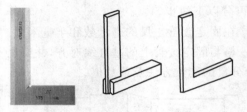

图 3-12　直角尺

（1）00 级和 0 级直角尺一般用于检验精密量具；1 级用于检验精密工件；2 级用于检验一般工件。

（2）使用前，应先检查各工作面和边缘是否被碰伤。直角尺长边的左、右面和短边的上、下面都是工件面（即内、外直角）。将直角尺工作面和被检工作面擦净。

（3）使用时，将直角尺靠放在被测工件的工作面上，用光隙法鉴别工件的直线度以及角度是否正确，如图 3-13 所示，注意轻拿、轻靠、轻放，防止变曲变形。判断结果如图 3-14 所示。

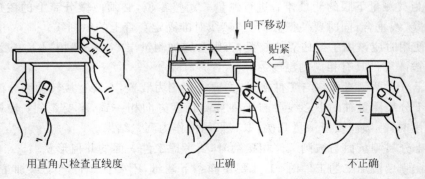

用直角尺检查直线度　　　　正确　　　　不正确

图 3-13　直角尺检查直线度和垂直度

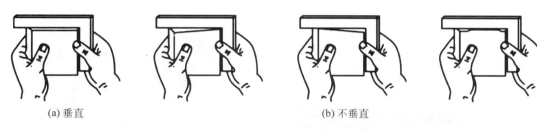

(a) 垂直   (b) 不垂直

图 3-14   垂直度判断结果

（4）为求精确测量结果，可将直角尺翻转 180°再测量一次，取二次读数算术平均值为其测量结果，可消除直角尺本身的偏差。

3.1.5   铣工常用工具

1. 扳手类

1）双头呆扳手

双头呆扳手（双头梅花扳手），其规格以两端开口宽度而定，如 12mm×14mm、17mm×19mm 等。主要用以紧固或拆卸螺栓、螺母，如图 3-15 所示。

图 3-15   双头呆扳手和双头梅花扳手

2）活扳手

由扳手体、固定钳口、活动钳口及蜗杆等组成的活动扳手是通用扳手，如图 3-16 所示；其规格以手柄长度和最大开口宽度而定，如 150mm×19mm、250mm×30mm 等。活扳手的开口宽度可以调节，每一种规格能扳动一定尺寸范围内的六角头或方头螺栓和螺母。它的开口尺寸可在一定的范围内调节，所以在开口尺寸范围内的螺钉、螺母一般都可以使用。但也不可用大尺寸的扳手去旋紧尺寸较小的螺钉，这样会因扭矩过大而使螺钉折断；应按螺钉六方头或螺母六方的对边尺寸调整开口，间隙不要过大，否则会损坏螺钉头或螺母，并且容易滑脱，造成伤害事故；应让固定钳口受主要作用力，要将扳手手柄向作业者方向拉紧，不要向前推，扳手手柄不可以任意接长，不应将扳手当锤击工具使用。

在拆卸外六角螺钉时，在条件允许情况下，应首选梅花扳手，次选呆扳手，再选活扳手。

3）内六角扳手

内六角扳手主要用于紧固或拆卸内六角螺钉，如图 3-17 所示，其规格以六方对边尺寸和扳手长端的长度而定，如 6mm×30mm×95mm、8mm×35mm×110mm 等。台虎钳活动钳口通常是使用内六角螺钉固定的，拆装时通常用内六角扳手。

图 3-16　活扳手

图 3-17　内六角扳手

2. 锤子

　　锤子是主要的击打工具,如图 3-18 所示,由锤头和锤柄组成,锤头材质多为 45♯钢。根据被击打工件的不同,锤头也有用铅、铜、橡皮、塑料或木材等制成的软锤子。锤子木柄呈椭圆形,锤柄一般选用比较坚硬的檀木做成。锤柄安装必须稳固可靠,要防止锤头脱落造成事故,为此,锤柄装在两端大、中间小的椭圆孔中后,还必须在端部打入斜楔铁,防止锤柄松动而引起锤头脱落。

图 3-18　（橡皮）锤子

　　使用锤子应该注意以下几点。

　　（1）使用前应该检查手柄是否松动,以免锤头滑脱而造成事故。

　　（2）清除锤面和手柄的油污,以防敲击时锤面从工作面上滑下造成机件损坏。

　　（3）锤子的重量应与工件、材料和作用相适应,太重和过轻都会不安全。

3.2　铣刀基础知识及常用铣刀

3.2.1　铣刀基础知识

　　铣刀是用于铣削加工的、具有一个或多个刀齿的旋转刀具。工作时各刀齿依次间歇地切去工件的余量。

1. 铣刀切削部分材料的基本要求

　　（1）高硬度和耐磨性:在常温下,切削部分材料必须具备足够的硬度才能切入工件;具有较高的耐磨性,刀具才不磨损,延长使用寿命。

（2）好的耐热性：刀具在切削过程中会产生大量的热量，尤其是在切削速度较快时，温度会很高，因此，刀具材料应具备好的耐热性，既在高温下仍能保持较高的硬度，又能继续进行切削的性能，这种具有高温硬度的性质，又称为热硬性或红硬性。

（3）高的强度和好的韧性：在切削过程中，刀具要承受很大的冲击力，所以刀具材料要具有较高的强度，否则易断裂和损坏。

由于铣刀会受到冲击和振动，因此，铣刀材料还应具备好的韧性，才不易崩刃或碎裂。

2. 铣刀常用材料

1）高速工具钢

高速工具钢（简称高速钢、锋钢等）分通用和特殊用途高速钢两种。其具有以下特点。

（1）合金元素钨、铬、钼、钒的含量较高，淬火硬度可达 63～70HRC。在 600℃ 高温下，仍能保持较高的硬度。

（2）刃口强度和韧性好，抗振性强，能用于制造切削速度一般的刀具，对于刚性较差的机床，采用高速钢铣刀，仍能顺利切削。

（3）工艺性能好，锻造、加工和刃磨都比较容易，还可以制造形状较复杂的刀具。

（4）与硬质合金材料相比，仍有硬度较低、红硬性和耐磨性较差等缺点。

2）硬质合金

硬质合金是金属碳化物、碳化钨、碳化钛和以钴为主的金属黏结剂经粉末冶金工艺制造而成的。硬质合金多用于制造高速切削用铣刀。

3.2.2　常用铣刀

常用铣刀如图 3-19 所示。

（1）圆柱铣刀、面铣刀主要用来铣削平面。

（2）三面刃铣刀用于铣削沟槽，铣削台阶平面、侧面等。

（3）立铣刀用于铣削沟槽、螺旋槽与工件上各种形状的孔，铣削台阶平面、侧面，铣削各种盘形凸轮与圆柱凸轮以及按照靠模铣削内、外曲面。

（4）键槽铣刀用于铣削键槽。

（5）T 形槽铣刀、燕尾槽铣刀分别用于铣削 T 形沟槽、燕尾沟槽。

（6）盘形槽铣刀用于铣削螺钉槽及其他工件上的槽。

（7）锯片铣刀用于铣削各种深槽以及切断板料、棒料和各种型材。

（8）单角度铣刀、双角度铣刀用于铣削成一定角度的沟槽。

（9）凸半圆铣刀、凹半圆铣刀用于铣削特形面。

（10）齿轮铣刀用于铣削齿轮齿形。

3.2.3　铣刀尺寸规格标注

铣刀的尺寸规格标注内容随铣刀类型不同而略有区别。

圆柱形铣刀、面铣刀、锯片铣刀等均以外圆直径×宽度×内孔直径来表示。如圆柱形

(a) 圆柱铣刀　　(b) 面铣刀　　(c) 三面刃铣刀

(d) 立铣刀　　(e) 键槽铣刀　　(f) T形槽铣刀　　(g) 燕尾槽铣刀

(h) 盘形铣刀　　(i) 锯片铣刀　　(j) 单角度铣刀　　(k) 双角度铣刀

(l) 凸半圆铣刀　　(m) 凹半圆铣刀　　(n) 齿轮铣刀

图 3-19　常用铣刀

铣刀的外径为 80mm、宽度为 100mm、内孔直径为 32mm,则其尺寸规格标记为 80×100×32。

立铣刀、键槽铣刀等一般只以其外圆直径作为其尺寸规格的标记。

角度铣刀、凸半圆铣刀等一般以外圆直径×宽度×内孔直径×角度(或圆弧半径)表示。例如,角度铣刀的外径为 80mm、宽度为 18mm、内径为 27mm、角度为 60°,则标记为 80×18×27×60°;凹半圆铣刀的外径为 80mm、宽度为 32mm、内径为 27mm、圆弧半径为 8mm,则标记为 80×32×27×R8。

铣刀标记中的尺寸均为基本尺寸,铣刀在使用和刃磨后,往往会产生变化,在使用时应加以注意。标准铣刀的规格和尺寸系列可查阅有关国家标准。

3.3　万能分度头的使用

3.3.1　概述

分度头是铣床上等分圆周用的附件,是铣床的重要附件之一。分度头的功用有以下三方面。

（1）使工件绕本身轴线进行分度（等分或不等分）。如六角、齿轮、花键之类等分的零件。

（2）使工件的轴线相对铣床工作台台面扳成所需要的角度（水平、垂直或倾斜）。因此，可以加工不同角度的斜面。

（3）在铣削螺旋槽或凸轮时，能配合工作台的移动使工件连续旋转。

钳工在划线时也常常用分度头对工件进行分度和划线，在新的钳工考核试题库里面，有一道题就是考核用分度头等分圆周的。

3.3.2　分度头结构和传动原理

1. 分度头的结构

分度头有许多类型，最常见的万能分度头的外形如图 3-20 所示。它由底座、转动体、主轴、分度盘等组成。工作时，底座用螺钉紧固在工作台上，并利用导向键与工作台上的一条 T 形槽相配合，保证分度头主轴方向平行于工作台纵向，分度头主轴前端锥孔内可安装顶尖，用来支持工件，主轴外部有螺纹便于旋转卡盘等来装夹工件。分度头转动体可使主轴转至一定角度进行工作。分度头转动的位置和角度由侧面的分度盘控制。在分度盘上装有两个扇脚，其作用是为了避免转动分度手柄时发生差错和节省分度时间，两个扇脚之间的角度大小可任意调节。在分度头的主轴上装有三爪卡盘，划线时，把分度头放在划线平板上，将工件夹持住，配合划线盘或游标高度尺，即可进行分度划线。利用分度头可在工件上划出水平线、垂直线、倾斜线和圆的等分线和不等分线。

图 3-20　分度头外形

2. 分度头的传动原理

分度头传动原理如图 3-21 所示。蜗轮 2 是 40 齿，3 是单头蜗杆。B1、B2 是齿数相同的两个圆柱直齿齿轮。工件装夹在装有蜗轮的主轴 1 上，当拔出手柄插销 8，转动分度手柄 7 绕分度头心轴 4 转一周时，通过圆柱直齿齿轮 B1、B2 即可带动蜗杆 3 旋转一周，从而使蜗轮转动 1/40 周，即工件转 1/40 周。分度盘 6 与套筒 5 和圆锥齿轮 A2 相连，空套在心轴 4 上。分度盘上有几圈不同数目的等分小孔，利用这些小孔，根据算出工件等分数的要求，选择合适的等分数小孔，将手柄 7 依次转过一定的转数和孔数，使工件转过相应的角度，就可对工件进行分度与划线。

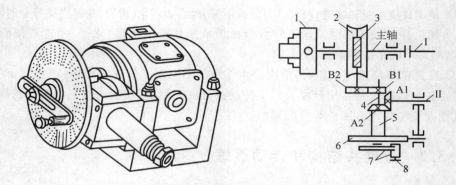

图 3-21　分度头及其传动原理

1—主轴；2—蜗轮；3—单头蜗杆；4—心轴；5—套筒；6—分度盘；7—分度手柄；8—手柄插销

3.3.3　简单分度法

分度法包括简单分度、直接分度、差动分度，下面主要介绍简单分度方法。

一般分度头备有两块分度盘。分度盘两面都有许多圈孔，各圈孔数均不等，但同一孔圈上孔距是相等的。第一块分度盘的正面各圈孔数分别为 24、25、28、30、34、37，反面为 38、39、41、42、43；第二块分度盘正面各圈孔数分别为 46、47、49、51、53、534，反面分别为 57、58、59、62、66。为了避免每次数孔的烦琐及确保手柄转过的孔数可靠，可调整分度盘上的两块分形夹之间的夹角，使之等于欲分的孔间距数，这样依次进行分度时就可以准确无误。简单分度法，分度盘固定不动，利用分度头心轴上的手柄转动，经过蜗轮蜗杆传动进行分度。由于蜗轮蜗杆的传动比是 1/40，因此在工件转过每一等分时，分度头手柄应转过的转数可由下式确定：

$$N = 40/Z$$

式中：N 为手柄转数；40 为定数；Z 为工件等分数。

例 3-1　如何利用分度头等分 12 等份？

解：$N = \dfrac{40}{Z} = \dfrac{40}{12} = 3\dfrac{4}{12} = 3\dfrac{8}{24}$，即分度头手柄转 3 圈，再在 24 的孔圈上转过 8 个孔距。

例 3-2　铣削六角时，如何等分？

解：对工件的等分 6 份，即 Z 为 6。$N = \dfrac{40}{Z} = \dfrac{40}{6} = 6\dfrac{2}{3} = 6\dfrac{16}{24}$，此时可利用分度盘上孔数为 24 的孔圈（或孔数可被分母 6 除尽的其他孔圈），使分度手柄旋转 6×2/3 周，即转动手柄 6×16/24 周。操作步骤如下。

（1）将定位销调整至分度盘上 24 的孔圈上。

（2）转 6 圈后再转过 16 个孔距（第 17 孔）。

更多的分度也可查表 3-1（仅节选部分）。

表 3-1 单式分度法分度表

工件等分数	分度盘孔数	手柄回转数	转过的孔距数	工件等分数	分度盘孔数	手柄回转数	转过的孔距数
2	任意	20	—	11	66	3	42
3	24	13	8	12	24	3	8
4	任意	10	—	13	39	3	3
5	任意	8	—	14	28	2	24
6	24	6	16	15	24	2	16
7	28	5	20	16	24	2	12
8	任意	5	—	17	34	2	12
9	54	4	24	18	54	2	12
10	任意	4	—	19	38	2	4

另外,分度时注意分度头的间隙问题。在转动手柄前要调整好分度叉,手柄不应摇过应摇的孔数,否则须把手柄多退回一些再正摇,以消除传动和配合间隙引起的误差,保证划线的准确度。

3.4 常用铣刀装卸及工件的装夹

3.4.1 铣刀装卸

1. 带柄铣刀的装卸

1) 锥柄铣刀的装卸

当铣刀柄部的锥度和主轴锥孔锥度相同时,擦净主轴锥孔和铣刀锥柄,垫棉纱用左手握住铣刀,将铣刀锥柄穿入主轴锥孔,然后用拉紧螺杆扳手旋紧拉紧螺杆,紧固铣刀。

当铣刀柄部的锥度和主轴锥孔锥度不同时,需要借助中间锥套安装铣刀。中间锥套的外径锥度与主轴锥孔锥度相同,而内孔锥度与铣刀锥柄锥度相同。安装时,擦净主轴锥孔、中间锥套内外锥体和铣刀锥柄,先将铣刀插入中间锥套锥孔,然后将中间锥套连同铣刀一起穿入主轴锥孔,旋紧拉紧螺杆,紧固铣刀。

拆卸锥柄铣刀时,先将主轴转速调至最低或将主轴锁紧。然后用拉紧螺杆扳手旋松拉紧螺杆,当螺杆上阶台端面上升到贴平主轴端部背帽下端后,继续用力旋转拉紧螺杆,直至取下铣刀。借助中间锥套安装锥柄铣刀,在卸下铣刀后,若中间锥套仍留在主轴锥孔内,则用扳手将中间锥套取下。

2) 直柄铣刀的装卸

直柄铣刀一般借助弹簧夹头或者钻夹头安装在主轴锥孔内。钻夹头和弹簧夹头的柄部安装与锥柄铣刀的安装方法相同。安装直柄铣刀时,用专用扳手松开底端的圆螺母,装入弹簧夹头并按紧,用手旋紧圆螺母快至上端时,装入铣刀,再用勾头扳手旋紧圆螺母。

2. 带孔铣刀的装卸

1）铣刀杆及其安装

常用的铣刀杆有 22mm、27mm、32mm 三种，其安装步骤如下。

（1）根据铣刀孔的直径选择相应直径的铣刀杆。在满足安装铣刀不影响铣削正常进行的前提下，铣刀杆长度应选择短一些的，以增强铣刀的高度。

（2）松开铣床横梁的紧固螺母，适当调整横梁的伸出长度，使其与铣刀杆的长度相适应，然后将横梁紧固。

（3）擦净铣床主轴锥孔和铣刀杆的锥柄，以免因脏物影响铣刀杆的安装精度。

（4）将铣床主轴转速调至最低或将主轴锁紧。

（5）安装铣刀杆。右手将铣刀杆的锥柄装入主轴锥孔，安装时铣刀杆凸缘上的缺口（槽）应对准主轴端部的凸键，左手顺时针（由主轴后端观察）转动主轴锥孔中的拉紧螺杆，使拉紧螺杆前端的螺纹部分旋入铣刀杆的螺纹 6～7 圈。然后用扳手旋紧拉紧螺杆上的背紧螺母，将铣刀杆拉紧在主轴锥孔内。

2）带孔铣刀的安装

（1）擦净铣刀杆、垫圈和铣刀。确定铣刀在铣刀杆上的轴向位置。

（2）将垫圈和铣刀装入铣刀杆，使铣刀在预定的位置上，然后旋入紧刀螺母，注意铣刀杆的支撑轴颈与挂架轴承孔应有足够的配合长度。

（3）擦净挂架轴承孔和铣刀杆的支撑轴颈，注入适量润滑油。调整挂架轴承，将挂架装在横梁导轨上。适当调整挂架轴承孔与铣刀杆支撑轴颈的间隙，使用小挂架时，用双头扳手调整；使用大挂架时，用开槽圆螺母扳手调整。然后紧固挂架。

（4）旋紧铣刀杆紧刀螺母，通过垫圈将铣刀夹紧在铣刀杆上。

3）铣刀和铣刀杆的拆卸

（1）将铣床主轴转速调至最低或将主轴锁紧。

（2）反向旋转铣刀杆紧刀螺母，松开铣刀。

（3）调松挂架轴承，然后松开并卸下挂架。

（4）旋下铣刀杆紧刀螺母，取下垫圈和铣刀。

（5）松开拉紧螺杆的背紧螺母，然后用锤子轻击拉紧螺杆端部，使铣刀杆锥柄锥面与主轴锥孔脱开。

（6）右手握住铣刀杆，左手旋紧拉紧螺杆，取下铣刀杆。

（7）铣刀杆取下后，擦净、涂油，然后垂直放置在专用的支架上，不允许水平或杂乱放置，以免铣刀杆弯曲变形。

3. 套式铣刀的安装

套式端铣刀有内孔带键槽和端面带键槽两种结构形式。安装时分别采用带纵键的铣刀杆和带端键的铣刀杆。铣刀杆的安装方法与前面相同。安装铣刀时，擦净铣刀内孔、端面和铣刀杆圆柱面，使铣刀内孔的键槽对准铣刀杆的键，或使铣刀端面上的槽对准铣刀杆上凸缘端面上的凸键，装入铣刀，然后旋入紧刀螺钉，并用叉形扳手将铣刀紧固。

扫描二维码观看"炮塔铣床安装铣刀"视频。

炮塔铣床安装铣刀

3.4.2　工件的装夹

工件在铣床上常用的装夹方法有平口钳装夹、压板装夹、分度头装夹、组合夹具装夹和专用夹具装夹等。本书只介绍平口钳装夹、压板装夹。

1. 平口钳装夹

平口钳是铣床上常用来装夹工件的附件，如图 3-22 所示，主要由底座、固定钳口、活动钳口、螺杆等组成。铣削一般长方体工件的平面、阶台面、斜面和轴类工件的键槽时，都可以用平口钳来装夹。钳体能在底座上扳转任意角度，使用方便，适应性强。

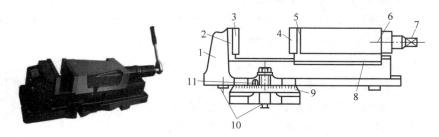

图 3-22　平口钳

1—钳体；2—固定钳口；3—固定钳口铁；4—活动钳口铁；5—活动钳口；

6—活动钳身；7—丝杠方头；8—压板；9—底座；10—定位键；11—钳体零线

1）平口钳的安装

安装平口钳时，应擦净钳座底面和铣床工作台面。一般情况下，平口钳在工作台面上的位置应处在工作台长度方向的中心偏左、宽度方向的中心，以方便操作。钳口方向应根据工件长度来确定。对于长的工件，钳口（平面）应与铣床主轴轴线垂直，在立式铣床上应与进给方向平行。对于短的工件，钳口与铣床主轴轴线平行，在立式铣床上应与进给方向垂直。在粗铣和半精铣时，希望使铣削力指向稳定牢固的固定钳口。

加工一般工件时，平口钳可用定位键安装。安装时，将平口钳底座上的定位键放入工作台中央 T 形槽内，双手推动钳体，使两定位键的同一侧侧面靠在中央 T 形槽的一侧面上，然后固定钳座，再利用钳体上的零刻线与底座上的刻线相配合，转动钳体，使固定钳口与铣床主轴轴线垂直或平行，也可以按需调整成所要求的角度。

加工有较高相对位置精度要求的工件，如铣削沟槽等，钳口与主轴轴线要求有较高的垂直度或平行度，这时应对固定钳口进行校正。

2）固定钳口的校正

（1）用划针校正固定钳口与铣床主轴轴线垂直：加工较长的工件，固定钳口一般采用与铣床主轴轴线垂直安装，此时可用划针校正。将划针夹持在铣刀杆垫圈间，使划针针尖靠近固定钳口铁平面，纵向移动工作台，观察并调整平口钳位置使划针针尖与固定钳口铁平面的缝隙大小均匀，在钳口全长范围内一致，固定钳口就与铣床主轴轴线垂直了，紧固钳体后，须再进行复检，以免紧固时发生位移。用划针校正的方法精度较低，常用于粗校正。

（2）用 90°角尺校正固定钳口与铣床主轴轴线平行：当要求平口钳固定钳口与铣床主轴轴线平行安装时，可用 90°角尺校正。校正时，松开钳体紧固螺母，使固定钳口平面大致与主轴轴线平行。将 90°角尺的尺座底面紧靠在床身的垂直导轨面上，调整钳体使固定钳口铁平面与 90°角尺外测量面密合，然后紧固钳体，并再次进行复检。

（3）用百分表校正固定钳口与铣床主轴轴线垂直或平行：加工较精密的工件时，可用百分表对固定钳口位置进行精校正。校正时，将磁性表座吸在横梁导轨面上，安装百分表，使表的测量杆与固定钳口铁平面垂直，测量触头触到钳口铁平面，测量杆压缩 0.3～0.5mm，纵向移动工作台，观察百分表读数，在固定钳口全长内一致，则固定钳口与铣床主轴轴线垂直。轻轻用力紧住钳体，进行复检，合格后，用力紧固钳体。

用百分表校正固定钳口与铣床主轴轴线平行时，可将磁性表座吸在床身垂直导轨面上，横向移动工作台进行，校正的方法相同。

3）平口钳装夹工件

（1）毛坯件的装夹。选择毛坯件上一个大而平整的毛坯面作粗基准面，将其靠在固定钳口面上。在钳口和工件毛坯面间应垫铜皮，以防损伤钳口，轻夹工件，用划针盘校正毛坯上平面位置，符合要求后夹紧工件，如图 3-23 所示。

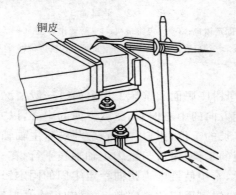

图 3-23　钳口垫铜皮装夹校正毛坯件

（2）经粗加工的工件的装夹。选择工件上一个较大的粗加工表面作基准面，将其靠向平口钳的固定钳口面或钳体导轨面上进行装夹。

工件的基准面靠向固定钳口面时，可在活动钳口与工件间放置一圆棒，圆棒要与钳口上平面平行，其位置在钳口夹持工件部分高度的中间偏上。通过圆棒夹紧工件，能保证工件的基准面与固定钳口面很好地贴合，如图 3-24 所示。

工件的基准面靠向钳体导轨面时，在工件与导轨之间要垫以平行垫铁，为了使工件基准面与导轨面平行，稍紧后可用铝或铜锤轻击工件上面，并用手试移垫铁，当其不松动时，工件与垫铁贴合良好，然后夹紧，如图 3-25 所示。

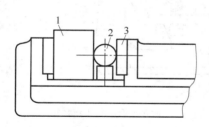

图 3-24　用圆棒夹持工件

1—工件；2—圆棒；3—活动钳口铁

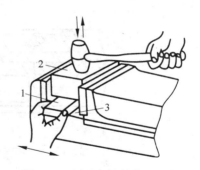

图 3-25　用平行垫铁装夹工件

1—平行垫铁；2—工件；3—钳体导轨面

4）平口钳装夹工件注意事项

（1）安装平口钳时，应擦净钳座底面、工作台面；安装工件时，应擦净钳口铁平面、钳体导轨面及工件表面。

（2）工件在平口钳上装夹时，放置的位置应适当，夹紧后钳口的受力应均匀。

（3）工件在平口钳上装夹时，待铣去的余量层应高出钳口上平面，高出的高度以铣削时铣刀不接触钳口上平面为宜，如图 3-26 所示。

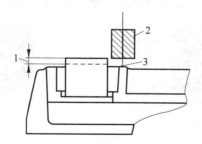

图 3-26　余量层应高出钳口上平面

1—待切除余量层；2—铣刀；3—钳口上平面

（4）用平行垫铁装夹工件时，所选垫铁的平面度、平行度、相邻表面的垂直度应符合要求。垫铁表面应具有一定的硬度。

2. 压板装夹工件

形状、尺寸较大或不便于用平口钳装夹的工件，常用压板压紧在铣床工作台上进行加工。在卧式铣床上用端铣刀铣削时，用压板装夹工件应用最多。

1）用压板装夹工件的方法

在铣床上用压板装夹工件时，所用的工具比较简单，主要有压板、垫铁、T 形螺栓（或 T 形螺母）及螺母等。压板有很多种形状，可适应各种不同形状工件装夹的需要。

使用压板夹紧工件时，应选择两块以上的压板，压板的一端搭在工件上，另一端搭在垫铁上，垫铁的高度应等于或略高于工件被压紧部位的高度，中间螺栓到工件间的距离应略小于螺栓到垫铁间的距离。使用压板时，螺母和压板平面之间应垫有垫圈，如图 3-27 所示。

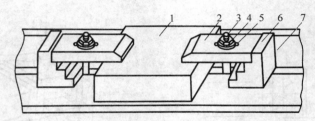

图 3-27 用压板装夹工件

1—工件；2—压板；3—T形螺栓；4—螺母；5—垫圈；6—阶台垫铁；7—工作台面

2）用压板装夹工件时的注意事项

（1）在铣床工作台面上，不允许拖拉表面粗糙的铸件、锻件毛坯，夹紧时应在毛坯件与工作台面间垫铜皮，以免损伤工作台面。

（2）用压板在工件已加工表面夹紧时，应在压板与工件表面间垫铜皮，以免压伤工件已加工表面。

（3）压板的位置要放置正确，应压在工件刚性最好的部位，防止工件产生变形。如果工件夹紧部位有悬空现象，应将工件垫实。

（4）螺栓要拧紧，保证铣削时不致因压力不够而使工件移动，损坏工件、刀具或机床。

扫描二维码观看"铣床工作台校准"视频和"装夹工件"视频。

铣床工作台校准

装夹工件

3.5　铣床铣削运动与切削用量

3.5.1　铣削运动

铣削与其他切削加工方法一样，是通过在机床（铣床）上的工件和刀具（铣刀）作相对运动来实现的。

铣削时，工件与铣刀的相对运动称为铣削运动。它包括主运动和进给运动。

主运动是切除工件表面多余材料所需的最基本的运动，是指直接切除工件上待切削层，使之转变为切屑的主要运动。主运动是消耗机床功率最多的运动。铣削运动中，铣刀的旋转运动是主运动。

进给运动是使工件切削层材料相继投入切削从而加工出完整表面所需的运动。铣削运动中，工件的移动或回转、铣刀的移动等是进给运动。

3.5.2 切削用量

在铣削过程中所选用的切削用量称为铣削用量，它是衡量铣削运动的参数。

铣削用量的主要要素有铣削速度 v_c、进给量 f、铣削深度 a_p 和铣削宽度 a_e。

1. 铣削速度 v_c

铣削时切削刃上选定点在主运动中的线速度，即切削刃上离铣刀轴线距离最大的点在 1min 内所经过的路程。铣削速度与铣刀直径、铣刀转速有关，计算公式为

$$v_c = \frac{\pi d n}{1000}$$

式中：v_c 为铣削速度，m/min；d 为铣刀直径，mm；n 为铣刀或铣床主轴转速，r/min。

铣削时，根据工件材料、铣刀切削部分材料、加工阶段的性质等因素，确定铣削速度，然后根据所用铣刀规格（直径）按下式计算，并确定铣床主轴的转速。

$$n = \frac{1000 v_c}{\pi d}$$

2. 进给量 f

铣削时，工件在进给运动方向上相对于刀具的移动量即为铣削时的进给量。铣削中的进给量根据具体情况需要，有以下三种表述和度量的方法。

（1）每转进给量 f：铣刀每转一转，在进给运动方向上相对工件的位移量（即铣刀每转一转，工件沿进给方向移动的距离），单位为 mm/r。

（2）每齿进给量 f_z：铣刀每转过一个刀齿，在进给运动方向上相对工件的位移量（即铣刀每转过一个刀齿，工件沿进给运动方向移动的距离），单位为 mm/z。

（3）每分钟进给量（即进给速度）v_f：铣刀每回转 1min，在进给运动方向上相对工件的位移量（即每分钟工件沿进给方向移动的距离），单位为 mm/min。

三种进给量的关系为

$$v_f = fn = f_z z n$$

式中：n 为铣刀或铣床主轴转速，r/min；z 为铣刀齿数。

铣削时，根据加工性质先确定每齿进给量 f_z，然后根据铣刀的齿数 z 和铣刀的转速 n 计算出每分钟进给量 v_f，并以此对铣床进给量进行调整（铣床铭牌上的进给量以每分钟进给量表示）。

3. 铣削深度 a_p

铣削深度 a_p 也称背吃刀量，是指在平行于铣刀轴线方向上测得的铣削层尺寸（切削层指工件上正被切削刃切削的金属），单位为 mm。

4. 铣削宽度 a_e

铣削宽度 a_e 也称侧吃刀量，是指在垂直于铣刀轴线方向、工件进给方向上测得的铣削层尺寸，单位为 mm。

铣削时，采用的铣削方法和选用的铣刀不同，铣削深度 a_p 和铣削宽度 a_e 的表示也不

同。用圆柱形铣刀进行圆周铣与用端铣刀进行端铣时,铣削深度与铣削宽度的表示如图 3-28 所示。

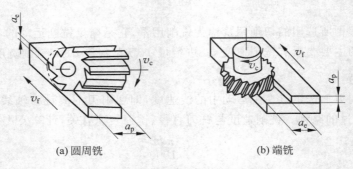

(a) 圆周铣　　　　　　　　　　(b) 端铣

图 3-28　圆周铣与端铣时的铣削用量

3.5.3　切削用量选择

1. 选择铣削用量的原则

所谓合理选择铣削用量就是充分利用铣刀的切削能力和铣床性能,在保证加工质量的前提下获得较高的生产率和较低的成本。选择铣削用量的原则如下。

(1) 保证刀具有合理的使用寿命、高的生产率和低的成本。

(2) 保证加工表面的精度和表面粗糙度达到图样要求。

(3) 根据工件材料的性质、加工余量和粗/精加工要求选择铣削深度 a_p 和铣削宽度 a_e。

(4) 根据加工工艺系统所允许的切削力,包括铣床进给系统、工件刚度以及精加工时表面粗糙度要求确定进给量 f。

(5) 根据刀具寿命确定铣削速度 v_c。

粗铣时,在机床动力和工艺系统刚性允许并具有合理铣刀耐用度的条件下,按铣削宽度(或深度)、进给量、铣削速度的次序,确定铣削用量。在铣削用量中,铣削宽度(或深度)对铣刀耐用度影响最小,进给量次之,铣削速度影响最大。因此,在确定铣削用量时,应尽可能选择较大的铣削宽度(或深度),然后,按工艺装备和技术条件的允许,选择较大的每齿进给量,最后根据铣刀的耐用度,选择允许的铣削速度。

精铣时,为了达到加工精度和表面粗糙度的要求,切削层宽度应尽量一次铣出,切削层深度一般约为 0.5mm,再根据表面粗糙度要求选择合适的每齿进给量,最后根据铣刀的耐用度确定铣削速度。

2. 切削层深度的选择

端铣时的铣削深度 a_p、圆周铣削时的铣削宽度 a_e,即是被切金属层的深度(切削层深度)。当铣床功率和工艺系统刚度、强度允许,且加工精度要求不高及加工余量不大时,可一次进给铣去全部余量。当加工精度要求较高或加工表面粗糙度值 Ra 小于 $6.3\mu m$ 时,应分粗铣和精铣,粗铣时,除留下精铣余量(0.5~2mm)外,应尽可能一次进给切除全部粗加工余量。端铣时铣削深度 a_p 的推荐值如表 3-2 所示。

表 3-2　端铣时铣削深度 a_p 的推荐值　　　　单位：mm

工件材料	高速工具钢铣刀		硬质合金铣刀	
	粗铣	精铣	粗铣	精铣
铸铁	5～7	0.5～1	10～18	1～2
软钢	<5	0.5～1	<12	1～2
中硬钢	<4	0.5～1	<7	1～2
硬钢	<3	0.5～1	<4	1～2

圆周铣削时的铣削宽度 a_e，粗铣时可比端铣时的铣削深度 a_p 大。故在铣床和工艺系统的刚性、强度允许的条件下，尽量在一次进给中把粗铣余量全部切除。精铣时，a_e 值可参照端铣时的 a_p 值。

3. 进给量的选择

粗铣时，限制进给量提高的主要因素是铣削力。进给量主要根据铣床进给机构的强度、铣杆尺寸、刀齿强度以及机床、夹具等工艺系统的刚度确定。在上述条件许可的情况下，进给量应尽量大些。

精铣时，限制进给量的主要因素是表面粗糙度，进给量越大，粗糙度值越大。

常用铣刀对不同材料铣削时每齿进给量推荐值如表 3-3 所示，粗铣时取较大值，精铣时取较小值。

表 3-3　每齿进给量 f_z 推荐值　　　　单位：mm/z

工件材料	工具材料硬度(HBS)	硬质合金		高速钢			
		端铣刀	三面刃铣刀	圆柱铣刀	立铣刀	端铣刀	三面刃铣刀
低碳钢	<150	0.20～0.40	0.15～0.30	0.12～0.20	0.04～0.20	0.15～0.30	0.12～0.20
	150～200	0.20～0.35	0.12～0.25	0.12～0.20	0.03～0.18	0.15～0.25	0.10～0.15
中、高碳钢	120～180	0.15～0.50	0.15～0.30	0.12～0.20	0.05～0.20	0.15～0.30	0.12～0.20
	180～220	0.15～0.40	0.12～0.25	0.12～0.20	0.04～0.20	0.15～0.25	0.07～0.15
	220～300	0.12～0.25	0.07～0.20	0.07～0.15	0.03～0.20	0.12～0.20	0.05～0.12
灰铸铁	150～180	0.20～0.50	0.15～0.30	0.20～0.30	0.07～0.18	0.20～0.35	0.15～0.25
	180～220	0.20～0.40	0.12～0.25	0.15～0.25	0.05～0.15	0.15～0.30	0.12～0.20
	220～300	0.15～0.30	0.10～0.20	0.10～0.20	0.03～0.10	0.10～0.15	0.07～0.12
可锻铸铁	110～160	0.20～0.50	0.15～0.35	0.08～0.20	0.20～0.40	0.15～0.25	
	160～200	0.20～0.40	0.12～0.25	0.10～0.30	0.07～0.20	0.15～0.30	0.12～0.20
	200～240	0.15～0.30	0.10～0.25	0.10～0.20	0.05～0.15	0.15～0.30	0.12～0.20
	240～280	0.10～0.30	0.10～0.15	0.10～0.20	0.02～0.08	0.10～0.20	0.07～0.12
含 C<0.3%合金钢	125～170	0.15～0.50	0.12～0.30	0.12～0.20	0.05～0.20	0.15～0.30	0.12～0.20
	170～220	0.15～0.40	0.12～0.25	0.10～0.20	0.05～0.20	0.15～0.25	0.07～0.15
	220～280	0.10～0.30	0.08～0.20	0.07～0.12	0.03～0.08	0.12～0.20	0.07～0.12
	280～320	0.08～0.20	0.05～0.15	0.05～0.10	0.025～0.05	0.07～0.12	0.05～0.10

续表

工件材料	工具材料硬度（HBS）	硬质合金		高速钢			
		端铣刀	三面刃铣刀	圆柱铣刀	立铣刀	端铣刀	三面刃铣刀
含 C＞0.3% 合金钢	170～220	0.125～0.40	0.12～0.30	0.12～0.20	0.12～0.20	0.15～0.25	0.07～0.15
	220～280	0.10～0.30	0.08～0.20	0.07～0.15	0.07～0.15	0.12～0.20	0.07～0.12
	280～320	0.08～0.20	0.05～0.15	0.05～0.12	0.05～0.12	0.07～0.12	0.05～0.10
	320～380	0.06～0.15	0.05～0.12	0.05～0.10	0.05～0.10	0.05～0.10	0.05～0.10
工具钢	退火状态	0.15～0.50	0.12～0.30	0.07～0.15	0.05～0.10	0.12～0.20	0.07～0.15
	36HRC	0.12～0.25	0.08～0.15	0.05～0.10	0.03～0.08	0.07～0.12	0.05～0.10
	46HRC	0.10～0.25	0.06～0.12	—	—	—	—
	50HRC	0.07～0.10	0.05～0.10	—	—	—	—
铝镁合金	95～100	0.15～0.38	0.125～0.3	0.15～0.20	0.05～0.15	0.20～0.30	0.07～0.20

4. 铣削速度的选择

在铣削深度 a_p、铣削宽度 a_e、进给量 f 确定后，最后选择确定铣削速度 v_c。铣削速度 v_c 是在保证加工质量和铣刀耐用度的前提下确定的。

铣削时影响铣削速度的主要因素如下。

（1）铣刀材料的性质和铣刀的耐用度。

（2）工件材料的性质。

（3）机床性能。

（4）切削液的使用情况等。

粗铣时，由于金属切除量大，产生热量多，切削温度高，为了保证合理的铣刀耐用度，铣削速度应比精铣时低。在铣削不锈钢等韧性好、强度高的材料以及其他一些硬度高、热强度性能高的材料时，铣削速度更应低一些。此外，粗铣时铣削力大，还必须考虑铣床功率是否足够，必要时应适当降低铣削速度，以减小功率。

精铣时，由于金属切除量小，所以在一般情形下，可采用比粗铣时高一些的铣削速度。但铣削速度的提高将加快铣刀的磨损速度，从而影响加工精度。影响铣削速度的主要因素是加工精度与铣刀耐用度，因此要结合实际情况作适当修正。常用材料铣削速度的推荐值如表 3-4 所示。

表 3-4　常用材料铣削速度的推荐值　　　　　单位：m/min

工件材料	硬度（HBS）	铣削速度	
		硬质合金铣刀	高速工具钢铣刀
低碳钢、中碳钢	＜220	80～150	21～40
	225～290	60～115	15～36
	300～425	40～75	9～20

续表

工件材料	硬度（HBS）	铣削速度	
		硬质合金铣刀	高速工具钢铣刀
高碳钢	<220	60～130	18～36
	225～325	53～105	14～24
	325～375	36～48	9～12
	375～425	35～45	9～10
合金钢	<220	55～120	15～35
	225～325	40～80	10～24
	325～425	30～60	5～9
工具钢	200～250	45～83	12～23
灰铸铁	100～140	110～115	24～36
	150～225	60～110	15～21
	230～290	45～90	9～18
	300～320	21～30	5～10
可锻铸铁	110～160	100～200	42～50
	160～200	83～120	24～33
	200～240	72～110	15～24
	240～280	40～60	9～21
铝镁合金	95～100	360～600	180～300

第4章

平面铣削加工技能与训练

本章要点

（1）熟练掌握铣床的基本操作方法；掌握工件的装夹要领，能区分顺铣和逆铣，掌握顺铣、逆铣的操作要领。

（2）掌握平面铣削加工要领；掌握检测表面粗糙度以及工件尺寸测量的方法。

技能目标

通过本章的操作训练，逐步提高铣床操作水平。

学习建议

刻苦训练，认真练习；谨记上学如上班，上课如上岗。

4.1　平面铣削加工工艺介绍

4.1.1　概述

平面铣削加工是铣工常见工作内容之一，加工平面时，可在卧式铣床上用圆柱铣刀铣削，还可以在立式铣床上安装端铣刀铣削。本书重点介绍 XA5032 型立式升降台铣床和立式炮塔铣床的基本操作方法，本书操作加工（含拍摄视频）主要使用立式炮塔铣床。

4.1.2　周铣与端铣

1. 周铣

周铣是用圆柱铣刀圆周齿进行铣削，即利用分布在圆柱铣刀圆柱面上的切削刃来形成平面（或表面）的铣削方法，如图 4-1 所示。

2. 端铣

端铣是用铣刀端面上的齿进行铣削，即利用分布在铣刀端面上的端面切削刃来形成平面的铣削方法,如图 4-2 所示。

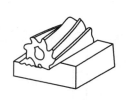

图 4-1 周铣

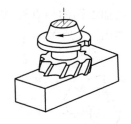

图 4-2 端铣

3. 周铣与端铣的比较

周铣与端铣的比较如表 4-1 所示。

表 4-1 周铣与端铣比较

比较内容	周 铣	端 铣
铣削深度	铣削深度可以很大,必要时可超过 20mm	受切削刃长度的限制,铣削深度不能很深,一般不超过 20mm
铣削宽度	由于圆柱铣刀的长度不大,故铣削宽度较小	由于铣刀直径可做得较大,铣削宽度可较宽
进给量	同时参与切削的齿数少,刀轴刚性差,进给量小	同时参与切削的齿数多,进给量大
速度	刚性差,故铣削速度较低	刀轴短,刚性好,铣削平稳,故铣削速度高,尤其适于高速铣削
应用	适宜加工较小平面	适宜加工大平面

4.1.3 顺铣与逆铣

在铣刀与工件已加工面的切点处,根据作用力方向,按照铣刀旋转切削刃的运动方向与工件进给方向的异同分顺铣和逆铣。

1. 顺铣

在铣刀与工件已加工面的切点处,铣刀旋转切削刃的运动方向与工件进给方向相同的铣削,称为顺铣,如图 4-3 所示。

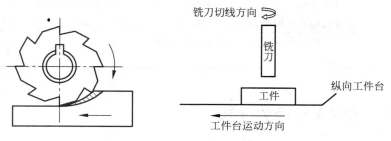

图 4-3 顺铣

2. 逆铣

在铣刀与工件已加工面的切点处，铣刀旋转切削刃的运动方向与工件进给方向相反的铣削，称为逆铣，如图 4-4 所示。

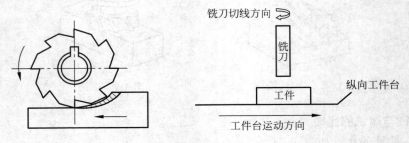

图 4-4　逆铣

扫描二维码观看"顺铣动画模拟"视频和"逆铣动画模拟"视频。

顺铣动画模拟

逆铣动画模拟

3. 顺铣与逆铣的比较

顺铣与逆铣的比较如表 4-2 所示。

表 4-2　顺铣与逆铣的比较

比 较 内 容	顺　铣	逆　铣
进给方向的切削分力	与进给方向相同，易拉动工作台而造成进给量的突然增加，影响加工质量	与进给方向相反，不会影响加工质量，在周铣中应用广泛
垂直方向的切削分力	产生垂直向下的铣削分力，有助于工件的定位夹紧，振动小，加工表面质量好	产生垂直向上的铣削分力，振动大，加工表面质量较差
刀具使用寿命	切削刃一开始就切入工件，切削厚度从最大到 0，切削刃磨损小，刀具寿命长	切削刃在加工表面上滑动，有挑起工件破坏定位的趋势，切削厚度从 0 到最大，切削刃磨损大，刀具寿命短
其他	不可铣带硬皮的工件，当工作台进给丝杆螺母机构有间隙时，工作台可能会窜动	可铣带硬皮的工件，当工作台进给丝杆螺母机构有间隙时，工作台不会窜动
通常应用	适宜工件不易夹紧或工件薄而长时或精加工时	一般情况下采用，特别适宜粗加工时

4.1.4　铣削平行面的方法

平行面铣削时，应使工件的基准面与工作台台面平行或直接贴合，其安装方法如下。

1. 利用平行垫铁

在工件基准面下垫平行垫铁,垫铁应与平口钳导轨顶面贴紧,如图 4-5 所示。装夹时,如发现垫铁有松动现象,可用胶锤或铜棒轻轻敲击,直到无松动为止,如果工件厚度较大,可将基准面直接放在平口钳导轨顶面上。

2. 利用百分表(或划针)校正基准面

此方法适合加工长度稍大于钳口长度的工件。校正时,先把划针调整到距工件基准面间隙较小的位置,然后移动划针盘,检查基准面四角与划针间的间隙是否一致,如图 4-6 所示,对于平行度要求较高的工件即采用百分表校正基准面。

图 4-5　利用平行垫铁装夹工件

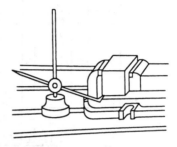

图 4-6　利用划针校正基准面

3. 对刀

(1)加工面对刀:手动操作铣床使回转中的铣刀切削刃轻擦工件上表面,如图 4-7(a)所示,此时的刻度作为"0"。

(2)侧面对刀:移动横向进给使铣刀的圆柱面切削刃轻擦工件侧面,此时的刻度作为"0",如图 4-7(b)所示。

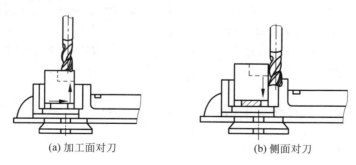

(a)加工面对刀　　　　　　　　　(b)侧面对刀

图 4-7　对刀

4. 加工进给及刀路

(1)粗加工:以使用 ϕ16mm 立铣刀铣削 80mm×45mm 的铝合金平面为例,为保证平面质量,每次铣削宽度 12mm,切削深度 1～3mm。第一刀,铣刀中心离工件基准侧面6mm;第二刀起,铣刀向铣削方向移动 12mm,直至铣削完毕。粗加工的刀路按照箭头路径,如图 4-8 所示。

(2)精加工:以使用 ϕ16mm 立铣刀铣削 80mm×45mm 的平面为例,为保证平面质量,每次铣削宽度 12mm,切削深度 0.1～0.6mm,采用顺铣。第一刀,铣刀中心离工件基准侧面 6mm,铣削完成后,把升降台降下来,使工件离开铣刀面,然后把工件退回原来位置;第二刀起,铣刀向铣削方向移动 12mm,直至铣削完毕,精加工的刀路按照箭头及 1→2→3→4 顺序路径,如图 4-9 所示。

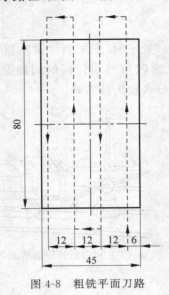

图 4-8 粗铣平面刀路

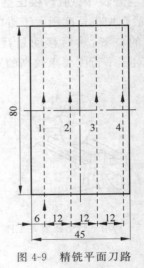

图 4-9 精铣平面刀路

4.2 平面铣削"校企合一"操作训练

根据本章学习内容进行实际操作训练。所有做法参照企业实际工作进行安排。

特别说明:在操作训练或者技能考证过程中,工件尺寸超差或某部分存在缺陷只按照评分标准扣除相应的分数,但是在企业实际工作中,上述问题往往会造成零件报废。本书实操评分标准类比企业奖罚方案,参照铣工考证考核标准。

4.2.1 工作(工艺)准备

工作(工艺)准备如表 4-3 所示。

表 4-3 工作(工艺)准备

序号	学 校 情 况	企 业 情 况
1	检查学生出勤情况;检查工作服、眼镜、帽、鞋等是否符合安全操作要求	车间打卡记录考勤;穿戴好劳保用品
2	布置本次实操作业,集中讲课,重温相关操作要领	工作前集中讨论
3	教师分析图样,介绍加工工艺	读图或绘图(分析图样);领取工艺单(卡)或自我制定加工工艺
4	准备本次实操课题需要的材料、工具、量具、刃具	领取毛坯材料、工具、量具、刃具

1. 注意事项

（1）注意安全文明操作（生产）。

（2）养成良好的工具、量具、刀具摆放习惯。

（3）操作过程中，要严格遵守安全文明生产的有关规定，防止事故发生。

（4）在训练下面的题目前，先利用一些废铁或者废旧工件进行训练，按所学的方法进行练习，训练时间控制在 3～5 课时，让操作者先认知体会，也可以充分利用材料。

2. 实操作业

（1）实操课题图样如图 4-10 所示。

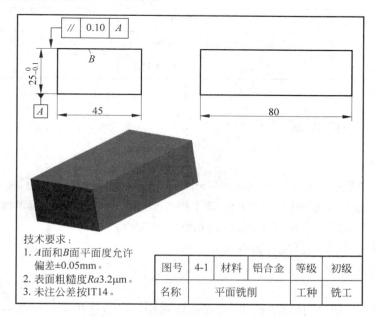

图 4-10　平面（平行面）铣削训练图样

（2）实操课题评分标准如表 4-4 所示。

表 4-4　平面（平行面）铣削训练评分表

序号	项　目	配分	评　分　标　准	得分
1	$25_{-0.1}^{0}$ mm	20	超差 0.01mm，扣 1 分	
2	// 0.10 A	20	超差 0.01mm，扣 2 分	
3	▱ 0.05	20	超差 0.01mm，扣 2 分	
4	表面粗糙度 $Ra3.2\mu m$	30	降一级，扣 15 分	
5	安全文明生产	10	违反安全操作规程，扣 10 分	
工件完成所需时间			40min	

（3）实操课题所需的材料、工具、量具、刃具，如表4-5所示。

表4-5　平面（平行面）铣削材料、工具、量具、刃具清单

名　称	规　格	精度	数量	名　称	规　格	精度	数量
铝合金块	80mm×45mm×30mm		1	平行垫块			自定
外径千分尺	25～50mm	0.01mm	1	扳手			1
外径千分尺	0～25mm	0.01mm	1	油扫			1
游标卡尺	0～125mm	0.02mm	1	钢直尺	150mm	0.5mm	1
立铣刀	ϕ16mm		1	铜棒			1
百分表	0～10mm	0.01mm	1	胶锤			1
锉刀	平 200mm	3 号纹	1	磁性表座			1

4.2.2　实操训练工艺介绍

1. 分析图样

（1）该零件毛坯为方块料 80mm×45mm×30mm，要铣削两个平面（A 面和 B 面，有 5mm 的加工余量），由零件图可以看出，该工件有平面度、平行度和表面粗糙度要求，所用材料为铝合金，硬度低，方便加工，选用 A 面作为基准面。

① A 面和 B 面平面度允许偏差±0.05mm。

② 表面粗糙度 $Ra3.2\mu m$。

③ 未注公差按 IT14。

（2）零件为方块，选择立式铣床（立式炮塔铣床）加工，选用平口钳装夹，选用常用的 ϕ16mm 立铣刀。

2. 加工工艺参考

（1）检查立铣头与工作台面的垂直度。

（2）安装平口钳，校正固定钳口平行度、垂直度；安装铣刀，检查其跳动性是否在允许范围内。

（3）检查毛坯材料的形状、尺寸、表面质量。

（4）用平口钳装夹工件，对刀。

（5）粗铣 A 面，主轴转速及切削用量：粗铣主轴转速 1500～1800r/min，切削深度 1～3mm；粗加工采用逆铣，采用图 4-8 所示粗铣平面刀路。

（6）精铣 A 面，主轴转速 2000～2500r/min，切削深度 0.1～0.6mm，精加工采用顺铣，采用图 4-9 所示精铣平面刀路，达到各项公差，用锉刀去毛刺。

（7）工件反转装夹并找正，参照上述步骤（5）和步骤（6）的做法，粗铣、精铣 B 面，达到 $25_{-0.1}^{\ 0}$mm，平面度 0.05mm，平行度 0.10mm，表面粗糙度 $Ra3.2\mu m$ 等各项公差要求。

（8）检验合格后卸下工件，去毛刺。

扫描二维码观看"平面铣削"视频。

平面铣削

4.2.3　平面的质量检验

（1）表面粗糙度：表面粗糙度一般采用标准样板来比较，Ra 值很小的加工面，可采用光学仪器和比较显微镜及轮廓测定仪等测定。

（2）平面度：采用透光法检查，用透光法检查时，缝隙要均匀。

（3）垂直度：两个平面的垂直度一般用角尺在标准平板上检测，检测垂直度时，如出现间隙，则说明不垂直，如图 4-11 所示。也可用百分表和方箱在平板上检验垂直度。

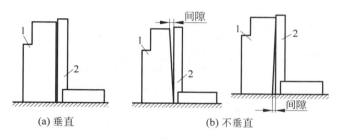

图 4-11　用角尺检验垂直度

1—工件；2—直角尺

（4）平行度和尺寸精度：使用千分尺或游标卡尺测量工件的各部分，各部分尺寸的差值就是平行度误差。另外，要检查所有尺寸是否都在图样规定的尺寸公差内，检验成批零件时，可用百分表同时检验零件的尺寸精度和平行度。

4.2.4　铣削平面注意事项

（1）正确使用刻度盘，先弄清楚刻度盘每转一格，工作台进给的距离，再根据要求的移动距离计算应转过的格数。转动手柄前，常把刻度盘零线与不动指示线对齐并紧固，再转动手柄至需要刻度。如果多转过几格，应把手柄倒转约 1/4 周后再转到需要的刻度，以消除丝杠与螺母配合间隙对移动距离的影响。

（2）铣削深度大时，必须先用手动进给，慢慢切入后，再用自动进给，以避免因铣削力突然增加而损坏铣刀或使工件松动。

（3）铣削中途尽量不要停止工作台进给。因为铣削时，铣削力将铣刀杆向上抬起，停止进给后，铣削力很快消失，刀杆弯曲变形恢复，工件会被铣刀切出一个凹痕。若铣削途中必须停止进给时，应先将工作台降下或将刀具远离已加工面，使工件脱离铣刀后，再停止进给。

（4）进给结束，工作台快速返回时，也要先降下工作台或将刀具远离已加工面，防止工件返回时，铣刀划伤已加工面。

（5）铣削时，根据需要选用合适的切削液。

4.2.5　自我总结与点评

（1）自我评分，自我总结文明生产、安全操作情况。

（2）操作完毕，按照 9S 要求，整理工作位置，清理工作台，放好工具、量具、刃具，搞好场地卫生。做好工具、量具、刃具及设备的保养工作。

第5章

垂直面铣削加工技能与训练

本章要点

（1）熟练掌握铣床的操作方法；掌握工件的装夹要领，掌握顺铣、逆铣操作要领。

（2）掌握垂直面铣削加工要领；掌握工件尺寸控制以及检测表面粗糙度、垂直度、平行度的方法。

技能目标

通过本章的操作训练，逐步提高铣床操作水平。

学习建议

刻苦训练，细心练习；谨记上学如上班，上课如上岗。

5.1　垂直面铣削加工工艺介绍

5.1.1　概述

铣削垂直面是铣工常见工作内容之一，加工垂直面时，应使工件的基准平面处在工作台的正确位置上，如表 5-1 所示。

表 5-1　垂直面铣削时工件基准平面的位置

卧式铣床加工		立式铣床加工	
周　铣	端　铣	周　铣	端　铣
垂直于台面	平行于台面并平行于主轴	平行于台面	垂直于台面

5.1.2　平面铣削的质量分析

通过第 4 章的学习，初步掌握了平面铣削的操作要领，铣削面的质量不仅与铣削时所用的铣床、夹具和铣刀的质量有关,还与铣削用量和切削液的合理选用等诸多因素有关。通过分析这些因素,尽量避免在日后的操作中出现同样的问题。

1. 影响平面度的因素

(1) 用周铣铣削平面时,圆柱形铣刀的圆柱度差。

(2) 用端铣铣削平面时,铣床主轴轴线与进给方向不垂直。

(3) 工件受夹紧力和铣削力的作用产生变形。

(4) 工件自身存在内应力,在表面层材料被切除后产生变形。

(5) 铣床工作台进给运动的直线性差。

(6) 铣床主轴轴承的轴向和径向间隙大。

(7) 铣削中,由铣削热引起工件的热变形。

(8) 铣削时,由于圆柱形铣刀的宽度或端铣刀的直径小于被加工面的宽度而接刀,产生接刀痕。

2. 影响表面粗糙度的因素

(1) 铣刀磨损,刀具刃口变钝。

(2) 铣削时,进给量太大。

(3) 铣削时,切削层深度太大。

(4) 铣刀的几何参数选择不当。

(5) 铣削时,切削液选择不当。

(6) 铣削时有振动。

(7) 铣削时有积屑瘤产生或切屑有粘刀现象。

(8) 铣削时有拖刀现象。

(9) 铣削过程中因进给停顿,铣削力突然减小,而使铣刀下沉在工件加工面上切凹坑(俗称为"深啃")。

5.1.3　铣削垂直面的方法

垂直面的铣削,除了要保证六个面单独的平面度和表面粗糙度外,还要保证相对于基准面的位置精度(垂直度、平行度等)以及与基准面间的尺寸精度要求。

保证连接面加工精度的关键是工件的正确定位和装夹,在平口钳上装夹工件时,必须使工件基准面与固定钳口贴紧,以保证铣削面与基准面垂直。安装工件时常在活动钳口和工件之间垫一根圆棒或窄平铁,如图 5-1(a)所示,否则当基准面的对面为毛坯面(或不平行)时,便会出现图 5-1(b)所示的情况,影响加工面的垂直度。

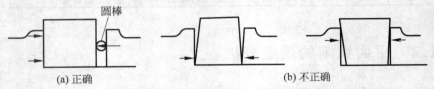

圆棒

(a) 正确　　　　　　　　　　　　　(b) 不正确

图 5-1　在平口钳上装夹工件

在平口钳上装夹工件时,可用90°直角尺校正工件与平口钳导轨面是否垂直,如图5-2所示。

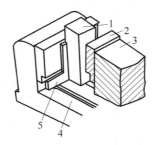

图 5-2　用直角尺校正工件是否垂直

1—工件;2—活动钳口铁;3—活动钳口;4—平口钳导轨面;5—直角尺

铣削时,影响垂直度的主要因素有下列几个方面。

(1)固定钳口面与工作台面不垂直,其主要原因是平口钳使用过程中钳口的磨损和平口钳底座有毛刺或切屑。此外,安装平口钳时,必须去除平口钳底座的毛刺和将平口钳底面及工作台面擦拭干净。

(2)基准面没有与固定钳口贴合,造成的原因主要是工件基准面与固定钳口之间有切屑和工件的两对面不平行造成夹紧时基准面与固定钳口不是面接触而是线接触。

(3)圆柱形铣刀的圆柱度误差大,有锥度,当固定钳口安装成与主轴轴线垂直时,圆柱形铣刀如有锥度,则铣出来的平面与基准面不垂直。

(4)基准面的平面度误差较大,影响工件装夹的位置精度。

(5)夹紧力太大,使固定钳口倾斜。

5.2　垂直面铣削"校企合一"操作训练

根据本章学习内容,进行实际操作训练,所有做法参照企业实际工作进行安排。

5.2.1　工作(工艺)准备

工作(工艺)准备如表5-2所示。

表 5-2　工作(工艺)准备

序号	学 校 情 况	企 业 情 况
1	检查学生出勤情况;检查工作服、眼镜、帽、鞋等是否符合安全操作要求	车间打卡记录考勤;穿戴好劳保用品
2	布置本次实操作业,集中讲课,重温相关操作要领	工作前集中讨论
3	教师分析图样,介绍加工工艺	读图或绘图(分析图样);领取工艺单(卡)或自我制定加工工艺
4	准备本次实操课题需要的材料、工具、量具、刃具	领取毛坯材料、工具、量具、刃具

1. 注意事项

（1）注意安全文明操作（生产）；养成良好的工具、量具、刃具摆放习惯。

（2）操作过程中，要严格遵守安全文明生产的有关规定，防止事故发生。

2. 实操作业

（1）实操课题图样如图 5-3 所示。

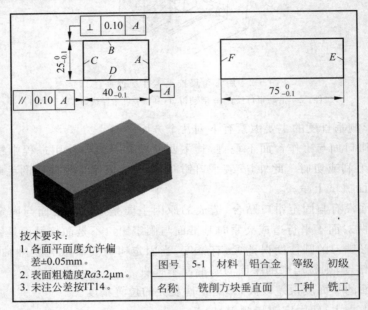

技术要求：
1. 各面平面度允许偏差±0.05mm。
2. 表面粗糙度 $Ra3.2\mu m$。
3. 未注公差按IT14。

图号	5-1	材料	铝合金	等级	初级
名称	铣削方块垂直面			工种	铣工

图 5-3 垂直面铣削训练图样

（2）实操课题评分标准如表 5-3 所示。

表 5-3 垂直面铣削训练评分表

序号	项 目	配分	评分标准	得分
1	$75_{-0.1}^{0}$ mm	20	超差 0.01mm，扣 1 分	
2	$40_{-0.1}^{0}$ mm	20	超差 0.01mm，扣 1 分	
3	$25_{-0.1}^{0}$ mm	20	超差 0.01mm，扣 1 分	
4	$\parallel$ 0.10 A	10	超差 0.01mm，扣 2 分	
5	$\perp$ 0.10 A	10	超差 0.01mm，扣 2 分	
6	$\diagdown$ 0.05	10	超差 0.01mm，扣 2 分	
7	表面粗糙度：$Ra3.2\mu m$	10	降一级，扣 5 分	
	安全文明生产		违反安全操作规程在总分中扣 10 分	
	工件完成所需时间		120min	

(3) 实操课题所需的材料、工具、量具、刀具如表 5-4 所示。

表 5-4 垂直面铣削材料、工具、量具、刀具清单

名　　称	规　　格	精度	数量	名　　称	规　　格	精度	数量
铝合金块	80mm×45mm×30mm		1	钢直尺	150mm	0.5mm	1
外径千分尺	0～25mm	0.01mm	1	立铣刀	φ16mm		1
外径千分尺	25～50mm	0.01mm	1	扳手			1
外径千分尺	50～75mm	0.01mm	1	油扫			1
外径千分尺	75～100mm	0.01mm	1	平行垫块			自定
游标卡尺	0～125mm	0.02mm	1	铜棒			1
锉刀	平 200mm	3 号纹	1	胶锤			1
90°直角尺	100×65mm	一级	1	百分表	0～10mm	0.01mm	1
圆棒	φ10mm×80mm		1	磁性表座			1

5.2.2　实操训练工艺介绍

1. 分析图样

(1) 该零件毛坯为方块料 80mm×45mm×30mm，要铣削六个平面；由零件图可以看出，各面有 5mm 的加工余量，该工件有平面度、垂直度、平行度和表面粗糙度要求，所用材料为铝合金，硬度低，方便加工，选用 A 面作为基准面。

(2) 零件为方块，选择立式铣床（立式炮塔铣床）加工，选用平口钳装夹，选用 φ16mm 立铣刀。

2. 加工工艺参考

(1) 检查立铣头与工作台面的垂直度。

(2) 安装平口钳，校正固定钳口平行度；安装铣刀，检查其跳动性是否在允许范围内。

(3) 检查毛坯材料的形状、尺寸、表面质量。

(4) 用平口钳装夹工件。

(5) 选择粗铣、精铣的主轴转速及切削用量：粗铣主轴转速 1500～1800r/min，切削深度 1～3mm；精铣主轴转速 2000～2500r/min，切削深度 0.1～0.6mm，粗加工采用逆铣，精加工采用顺铣。

(6) 对刀，粗铣各面（参照第 4 章平面铣削工艺，采用图 4-8 所示粗铣平面刀路），至少保留 0.5～1mm 余量，用锉刀去毛刺。

(7) 精铣基准平面 A 面（参照第 4 章平面铣削工艺，采用图 4-9 所示精铣平面刀路），达到各项公差要求。以 B 面为粗基准靠向固定钳口，如图 5-4(a) 所示。

（8）精铣面 B，以面 A 为精准靠向固定钳口，在活动钳口与工件（D 面）之间置圆棒装夹工件，如图 5-4（b）所示。

（9）精铣面 C，以面 A 为精准靠向固定钳口，翻转工件，工件（D 面）之间置圆棒装夹工件，如图 5-4（c）所示。

（10）精铣面 D，面 A 靠向平行垫铁，面 C 靠向固定钳口装夹工件，不置圆棒，如图 5-4（d）所示；预检 $25_{-0.1}^{0}$ mm、垂直度 0.10mm、平面度 0.05mm、平行度 0.10mm。

（11）精铣面 E，面 A 靠向固定钳口，用 90°直角尺校正工件面 B 与平口钳导轨面的垂直，如图 5-2 所示；装夹工件，如图 5-4（e）所示；预检垂直度 0.10mm、平面度 0.05mm。

（12）精铣面 F，面 A 靠向固定钳口，面 E 靠向平口钳钳体导轨面装夹工件，如图 5-4（f）所示；预检 $75_{-0.1}^{0}$ mm、垂直度 0.10mm、平面度 0.05mm、平行度 0.10mm 等各项公差。

（13）检验合格后卸下工件。

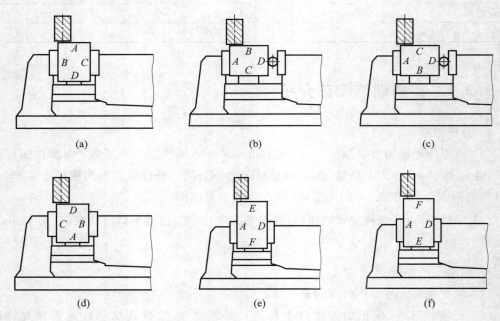

图 5-4　垂直面铣削顺序

扫描二维码观看"垂直面铣削"视频。

3. 注意事项

（1）铣削过程中每次重新装夹工件前，应及时用锉刀修整工件上的锐边和去除毛刺，但不应损伤工件的已加工表面。

（2）每次铣削时一般先粗铣，然后再精铣，以提高工件表面的加工质量。

（3）铜棒、胶锤轻击工件时，不要砸伤工件已加工表面。

（4）合理选用切削液。

垂直面铣削

5.2.3　垂直面和平行面铣削的质量分析

1. 影响垂直度和平行度的因素

（1）平口钳固定钳口与工作台台面不垂直，铣出的平面与基准面不垂直。

（2）平行垫铁不平行或圆柱形铣刀有锥度，铣出的平面与基准面不垂直或不平行。

（3）铣端面时，钳口未校正好，铣出的端面与基准面不垂直。

（4）装夹时夹紧力过大，引起工件变形，铣出的平面与基准面不垂直或不平行。

2. 影响平行面之间尺寸精度的因素

（1）调整铣削层深度时看错刻度盘，手柄摇过头，没有消除丝杠螺母副的间隙，直接退回，造成铣错尺寸。

（2）读错图样上标注的尺寸，测量时错误。

（3）工件或平行垫铁的平面未擦干净，垫上杂物，使尺寸发生变化。

（4）精铣对刀时切痕太深，调整铣削层深度时没有去掉切痕，使尺寸铣小。

5.2.4　自我总结与点评

（1）自我评分，自我总结文明生产、安全操作情况。

（2）操作完毕，按照 9S 要求，整理工作位置，清理工作台，放好工具、量具、刀具，搞好场地卫生。做好工具、量具、刀具及设备的保养工作。

第6章

阶台零件铣削加工技能与训练

本章要点

（1）熟练掌握铣床的操作方法；掌握工件的装夹要领，掌握顺铣、逆铣操作要领。

（2）掌握用立铣刀铣削阶台的要领。

技能目标

通过本章的操作训练，逐步提高铣床操作水平；掌握检测阶台尺寸以及表面粗糙度、垂直度、平行度、对称度的方法。

学习建议

刻苦训练，认真练习；谨记上学如上班，上课如上岗。

6.1　阶台零件铣削加工工艺介绍

6.1.1　概述

阶台零件是铣工常见的工作内容之一，台阶加工质量的好坏主要从台阶的平整程度、表面质量及尺寸精度三个方面来衡量，前两个方面分别用平行度和表面粗糙度来考核。加工阶台零件时，应使工件的基准平面处在工作台的正确位置上。

6.1.2　铣削阶台的方法

阶台通常在立式铣床上用立铣刀铣削。在立式铣床上用立铣刀可完成较深阶台或多级阶台的铣削，如图 6-1 所示。

铣削时，立铣刀圆柱面切削刃起主要切削作用，端面切削刃起修光作用。由于立铣刀的外径通常较小，所以铣削刚度和强度较差，铣削用量不宜过大，否则铣刀容易由于"让刀"导致变形,甚至折断。因此,一般采取分层粗铣出阶台宽度,然后将阶台精铣至要求的方法。在条件允许的情况下,应选用直径较大的立铣刀铣阶台,以提高铣削效率。

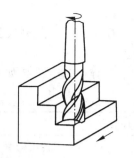

图 6-1　用立铣刀铣阶台

当阶台的加工余量较大时,可采用分段铣削的方法,即先分层粗铣掉大部分余量,并预留精加工余量,再精铣至最终尺寸。粗铣时,阶台底面和侧面的精铣余量为 0.5～1.0mm。精铣时应先精铣底面至尺寸要求,再精铣侧面至尺寸要求,这样可以减小铣削力,从而减小夹具、工件、刀具的变形和振动,提高尺寸精度并降低表面粗糙度值。

工件上的阶台也可在卧式铣床上采用三面刃铣刀、组合铣刀或面铣刀铣削。

6.1.3　铣削阶台的操作

(1) 工件装夹与找正后,手动操作铣床使回转中的铣刀切削刃轻擦工件上表面,如图 6-2(a)所示,然后横向移动将工件移开;如图 6-2(b)所示,摇动升降台转盘,将工件上升 5mm。

(2) 横向对刀。将工作台上升 5mm 并紧固升降台进给,移动横向进给使铣刀的圆柱面切削刃轻擦工件表面,如图 6-2(c)所示。调整刻度盘,工件纵向离开铣刀。

(3) 铣削阶台。手摇工作台横向进给手柄,调整背吃刀量,摇动纵向进给手柄使工件接近铣刀,手动或自动进给铣出阶台,如图 6-2(d)所示。

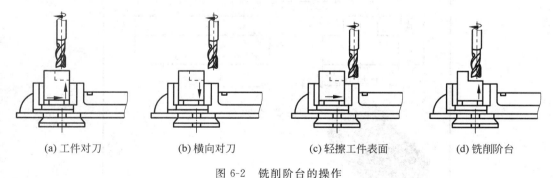

(a) 工件对刀　　　　(b) 横向对刀　　　　(c) 轻擦工件表面　　　　(d) 铣削阶台

图 6-2　铣削阶台的操作

6.2　阶台零件铣削"校企合一"操作训练

根据本章学习内容,进行实际操作训练,所有做法参照企业实际工作进行安排。

6.2.1　工作(工艺)准备

工作(工艺)准备如表 6-1 所示。

表 6-1　工作(工艺)准备

序号	学 校 情 况	企 业 情 况
1	检查学生出勤情况;检查工作服、眼镜、帽、鞋等是否符合安全操作要求	车间打卡记录考勤;穿戴好劳保用品
2	布置本次实操作业,集中讲课,重温相关操作要领	工作前集中讨论
3	教师分析图样,介绍加工工艺	读图或绘图(分析图样);领取工艺单(卡)或自我制定加工工艺
4	准备本次实操课题需要的材料、工具、刃具、量具	领取毛坯材料、工具、量具、刃具

1. 注意事项

(1)注意安全文明操作(生产);养成良好的工具、量具、刃具摆放习惯。

(2)操作过程中,要严格遵守安全文明生产的有关规定,防止事故发生。

2. 实操作业

(1)实操课题图样如图 6-3 所示。

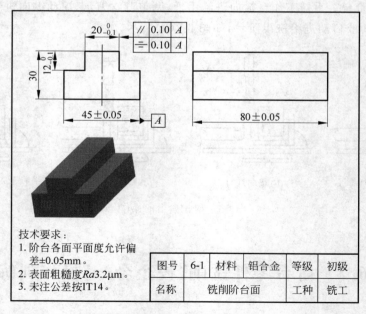

技术要求:
1. 阶台各面平面度允许偏差±0.05mm。
2. 表面粗糙度 $Ra3.2\mu m$。
3. 未注公差按 IT14。

图号	6-1	材料	铝合金	等级	初级
名称		铣削阶台面		工种	铣工

图 6-3　阶台面铣削训练图样

（2）实操课题评分标准如表6-2所示。

表6-2 阶台面铣削训练评分表

序号	项　目	配分	评　分　标　准	得分
1	$20_{-0.1}^{\ 0}$mm	20	超差0.01mm，扣1分	
2	$12_{-0.1}^{\ 0}$mm	20	超差0.01mm，扣1分	
3	□ 0.05 阶台面	10	超差0.01mm，扣2分	
4	∥ 0.10 A	15	超差0.01mm，扣2分	
5	═ 0.10 A	15	超差0.01mm，扣2分	
6	表面粗糙度：$Ra3.2\mu m$	10	降一级，扣10分	
7	安全文明生产	10	违反安全操作规程，扣10分	
工件完成所需时间			90min	

（3）实操课题所需的材料、工具、量具、刃具如表6-3所示。

表6-3 阶台面铣削材料、工具、量具、刃具清单

名　称	规　格	精度	数量	名　称	规　格	精度	数量
铝合金块	80mm×45mm×30mm		1	立铣刀	ϕ16mm		1
外径千分尺	0～25mm	0.01mm	1	扳手			1
游标卡尺	0～125mm	0.02mm	1	油扫			1
钢直尺	150mm	0.5mm	1	平行垫块			自定
百分表	0～10mm	0.01mm	1	铜棒			1
锉刀	平200mm	3号纹	1	胶锤			1
90°直角尺	100mm×65mm	一级	1	磁性表座			1

6.2.2　实操训练工艺介绍

1. 分析图样

（1）该零件毛坯为方块料80mm×45mm×30mm，要铣削两个阶台平面，由零件图可以看出，该工件有对称度、垂直度和表面粗糙度要求，所用材料为铝合金，硬度低，方便加工，选用A面作为基准面，选择直径大于阶台宽的立铣ϕ16mm，采用分层铣削将阶台深加工到规定尺寸。

（2）零件为方块，选择立式铣床（立式炮塔铣床）加工，选用平口钳装夹，选用ϕ16mm立铣刀。

2. 加工工艺参考

（1）检查立铣头与工作台面的垂直度。

（2）安装平口钳，校正固定钳口平行度；安装铣刀，检查其跳动性是否在允许范围内。

（3）检查毛坯材料的形状、尺寸、表面质量。

（4）用平口钳装夹工件，对刀。

（5）选择粗铣、精铣的主轴转速及切削用量：粗铣主轴转速 1500～1800r/min，切削深度 1～3mm；精铣主轴转速 2000～2500r/min，切削深度 0.1～0.6mm，粗加工采用逆铣，精加工采用顺铣。

（6）参照第 5 章加工垂直面做法，加工完成工件各面的加工精度要求。

（7）粗铣加工零件左侧阶台面（为保证零件对称度，右侧阶台先保留不加工，以方便测量），如图 6-4 所示。单边留 0.5mm 的精加工余量（铣刀中心离基准面 A 面约 41mm）。选择铣削深度 2.9mm，粗加工按照①→②→③→④顺序完成；然后选择铣削深度 0.4mm，侧面厚度 0.5mm，精加工⑤。

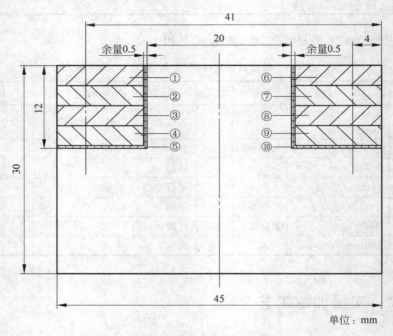

图 6-4　阶台铣削刀路图

（8）粗铣加工零件右侧阶台面，如图 6-4 所示。单边留 0.5mm 的精加工余量（铣刀中心离基准面 A 面约 4mm），选择铣削深度 2.9mm，粗加工按照⑥→⑦→⑧→⑨顺序完成；然后选择铣削深度 0.4mm，侧面厚度 0.5mm，精加工⑩。

（9）检验合格后拆卸工件，去毛刺。

扫描二维码观看"阶台铣削"视频。

阶台铣削

6.2.3　阶台铣削常见质量问题分析

1. 影响阶台尺寸的因素

（1）手动移动工作台调整不准。

（2）测量不准。

（3）铣削时铣刀受力不均出现"让刀"现象。

（4）铣刀轴向圆跳动大。

（5）工作台"零位"不准。

2. 影响阶台几何精度的因素

（1）机用平口虎钳固定钳口未找正，或用压板装夹时工件未找正，使铣出的阶台产生歪斜。

（2）工作台"零位"不准，用立铣刀采用纵向进给铣阶台时，阶台底面铣成凹面。

3. 影响阶台表面粗糙度的因素

（1）铣刀磨损变钝。

（2）铣刀摆差大。

（3）铣削用量选择不当，尤其是进给量过大。

（4）铣削钢件时没有使用切削液或切削液使用不当。

（5）铣削时振动大，进给机构没有紧固，工作台产生窜动现象。

6.2.4　自我总结与点评

（1）自我评分，自我总结文明生产、安全操作情况。

（2）操作完毕，按照 9S 要求，整理工作位置，清理工作台，放好工具、量具、刃具，搞好场地卫生。做好工具、量具、刃具及设备的保养工作。

第7章

直角沟槽铣削加工技能与训练

本章要点

（1）熟练掌握铣床的操作方法；掌握工件的装夹要领，掌握顺铣、逆铣操作要领。

（2）掌握用立铣刀铣削直角沟槽要领；掌握检测直角沟槽尺寸以及表面粗糙度、垂直度、平行度、对称度的方法。

技能目标

通过本章的操作训练，逐步提高铣床操作水平。

学习建议

刻苦训练，细心练习；谨记上学如上班，上课如上岗。

7.1 直角沟槽铣削加工工艺介绍

7.1.1 概述

直角沟槽零件是铣工常加工的内容之一，直角沟槽加工质量主要从槽面的平整程度、表面粗糙度及尺寸精度三个方面来衡量。

7.1.2 铣削直角沟槽的方法

直角沟槽通常在立式铣床上用立铣刀铣削。在立式铣床上用立铣刀可完成较深直角沟槽的铣削，如图 7-1 所示。

立铣刀的直径应等于或小于直角沟槽的槽宽。当槽宽精度要求不高且有相应直径规格的铣刀时，可按铣刀直径等于槽宽选用铣刀；当没有相应直径

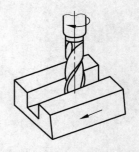

图 7-1 用立铣刀铣直角沟槽

规格的铣刀或对槽宽尺寸精度要求较高时,通常选择直径小于槽宽的铣刀,采用扩大法分两次或多次将槽宽铣削到规定尺寸。

7.1.3　工件的装夹与校正

直角沟槽在工件上的位置大多要求与工件两侧面平行,中、小型工件一般都用平口钳装夹。为了方便加工,提升加工效率及质量,大部分零件通过铣削安装面两侧约 2mm× 4mm 阶台作为装夹位装夹,如图 7-2 所示。

扫描二维码观看"铣削工件装夹位"视频。

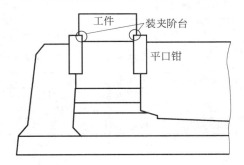

图 7-2　铣削装夹位装夹工件　　　　　　　　　　　铣削工件装夹位

7.1.4　划线对刀法

在工件的加工部位划出直角通槽的尺寸、位置线,装夹校正工件后调整铣削位置,使立铣刀圆周切削刃对准工件上所划直角通槽的宽度线,将横向进给紧固,分次进给铣出直角沟槽。

7.1.5　直角沟槽检测

(1)尺寸精度要求较低时,通常用游标卡尺检测。

(2)尺寸精度要求高时,通常内径千分尺检测沟槽宽度,内径千分尺如图 7-3 所示。用深度千分尺检测沟槽深度,深度千分尺如图 7-4 所示。

图 7-3　内径千分尺　　　　　　　　　　　图 7-4　深度千分尺

7.2　直角沟槽铣削"校企合一"操作训练

根据本章学习内容,进行实际操作训练,所有做法参照企业实际工作进行安排。

7.2.1　工作(工艺)准备

工作(工艺)准备如表 7-1 所示。

表 7-1　工作(工艺)准备

序号	学 校 情 况	企 业 情 况
1	检查学生出勤情况;检查工作服、眼镜、帽、鞋等是否符合安全操作要求	车间打卡记录考勤;穿戴好劳保用品
2	布置本次实操作业,集中讲课,重温相关操作要领	工作前集中讨论
3	教师分析图样,介绍加工工艺	读图或绘图(分析图样);领取工艺单(卡)或自我制定加工工艺
4	准备本次实操课题需要的材料、工具、量具、刃具	领取毛坯材料、工具、量具、刃具

1. 注意事项

(1) 注意安全文明操作(生产);养成良好的工具、量具、刃具摆放习惯。

(2) 操作过程中,要严格遵守安全文明生产的有关规定,防止事故发生。

2. 实操作业

(1) 实操课题图样如图 7-5 所示。

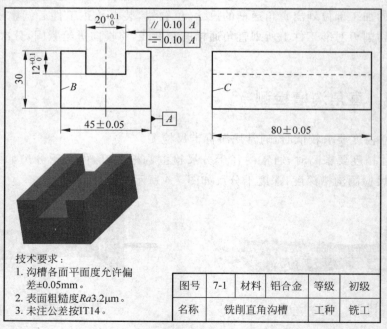

图 7-5　直角沟槽铣削训练图样

（2）实操课题评分标准如表7-2所示。

表7-2 直角沟槽铣削训练评分表

序号	项　　目	配分	评 分 标 准	得分
1	$20^{+0.1}_{0}$ mm	15	超差0.01mm，扣1分	
2	$12^{+0.1}_{0}$ mm	15	超差0.01mm，扣1分	
3	（80±0.05）mm	10	超差0.01mm，扣1分	
4	（45±0.05）mm	10	超差0.01mm，扣1分	
5	∥ 0.10 A	10	超差0.01mm，扣2分	
6	▭ 0.05 沟槽面	10	超差0.01mm，扣2分	
7	≡ 0.10 A	10	超差0.01mm，扣2分	
8	表面粗糙度：$Ra3.2\mu m$	10	降一级，扣5分	
9	安全文明生产	10	违反安全操作规程，扣10分	
	工件完成所需时间		90min	

（3）实操课题所需的材料、工具、量具、刃具如表7-3所示。

表7-3 直角沟槽铣削材料、工具、量具、刃具清单

名　　称	规　　格	精度	数量	名　　称	规　　格	精度	数量
铝合金块	90mm×55mm×40mm		1	钢直尺	150mm	0.5mm	1
内径千分尺	5～30mm	0.01mm	1	立铣刀	ϕ6mm		1
深度千分尺	0～25mm	0.01mm	1	扳手			1
游标卡尺	0～125mm	0.02mm	1	磁性表座			1
外径千分尺	0～25mm	0.01mm	1	油扫			1
百分表	0～10mm	0.01mm	1	平行垫块			自定
锉刀	平200mm	3号纹	1	铜棒			1
90°直角尺	100mm×65mm	一级	1	胶锤			1

7.2.2 实操训练工艺介绍

1. 分析图样

（1）该零件毛坯为方块料90mm×55mm×40mm，要铣削一个直角沟槽，由零件图可以看出，各面有10mm余量，可通过铣削安装面两侧约2mm×4mm阶台作为装夹位装夹，方便加工，也提高加工效率及质量。

（2）该工件有对称度、平行度和表面粗糙度要求，所用材料为铝合金，硬度低，方便加工，选用A面作为基准面，选择直径小于槽宽的立铣刀ϕ16mm，采用扩大法分多次将槽宽铣削到规定尺寸。

（3）零件为方块，选择立式铣床（立式炮塔铣床）加工，选用平口钳装夹。

2. 加工工艺参考

（1）检查立铣头与工作台面的垂直度。

（2）安装平口钳，校正固定钳口平行度；安装铣刀，检查其跳动性是否在允许范围内。

（3）检查毛坯材料的形状、尺寸、表面质量。

（4）用平口钳装夹工件。

（5）选择粗铣、精铣的主轴转速及切削用量：粗铣主轴转速 1500～1800r/min，切削深度 1～3mm；精铣主轴转速 2000～2500r/min，切削深度 0.1～0.6mm，粗加工采用逆铣，精加工采用顺铣。

（6）铣削 2mm×4mm 深装夹位（台阶）装夹工件，如图 7-2 所示。

（7）用周铣加工四周轮廓，如图 7-6 所示，单边留 0.5mm 的精加工余量进行精加工。

图 7-6　周铣加工工件四周轮廓

（8）粗铣加工零件沟槽位，如图 7-7 所示。槽两侧各留 0.5mm 的精加工余量。每次选择铣削深度 2.9mm，粗加工按照①→②→③→④→⑤顺序完成（铣削①③⑤时铣刀中心离基准面 A 面为 21mm，铣削②④时铣刀中心离基准面 A 面为 24mm）；然后选择铣削深度 0.4mm，侧面厚度 0.5mm，分别精加工⑥→⑦。用内径千分尺直接测量尺寸 $20^{+0.1}_{0}$ mm，用深度千分尺测量尺寸 $12^{+0.1}_{0}$ mm、$20^{+0.1}_{0}$ mm。

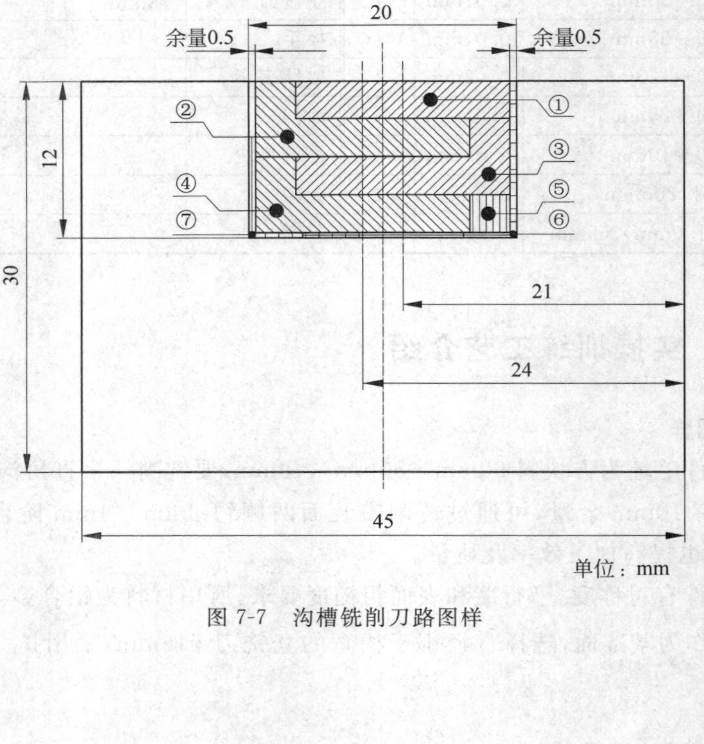

单位：mm

图 7-7　沟槽铣削刀路图样

（9）沟槽相关尺寸、形位公差检验合格后，拆卸工件，去毛刺。

（10）工件反转装夹并找正，分别粗铣、精铣底面，达到尺寸30mm。

（11）检验合格后拆卸工件，去毛刺。

扫描二维码观看"直角沟槽铣削"视频。

直角沟槽铣削

7.2.3 直角沟槽质量分析

直角沟槽质量分析如表7-4所示。

表7-4 直角沟槽质量分析

废品种类	产生的原因	防止措施与解决办法
槽宽尺寸超差	铣刀直径不符合要求	使用前检查立铣刀直径
	丝杠与螺母的间隙方向记错，使工作台移动不到位	记清间隙方向，使工作台移动到位
	刻度盘格数搞错	加工前看清刻度
	立铣刀直径太小，让刀严重	尽可能使用直径较大的立铣刀，适当减少精铣余量
	铣刀变钝	更换铣刀
	工件装夹不合理，工件变形	选择合理的装夹方式，注意夹紧力在工件上的作用部位，精铣时适当减小夹紧力
槽的平行度和表面粗糙度不符合要求	铣削速度选择不合理	合理选择铣削速度
	进给量太大	减小进给量
	工作台塞铁松动	调整塞铁
槽的位置或对称度不符合要求	基准面搞错	看清图样，认清基准面
	测量不准确	仔细测量
	立铣刀加工时产生拉刀，使工作台移位	锁紧横向工作台

7.2.4 自我总结与点评

（1）自我评分，自我总结文明生产、安全操作情况。

（2）操作完毕，按照9S要求，整理工作位置，清理工作台，放好工具、量具、刃具，搞好场地卫生。做好工具、量具、刃具及设备的保养工作。

第8章

铣削加工其他技能介绍与知识拓展

本章要点

（1）介绍铣削加工的其他技能，包括铣削斜面、成型面、齿轮面、角度槽、T形槽、V形槽、燕尾槽、花键、齿轮、链轮、螺旋形表面等。

（2）介绍世界技能大赛"制造团队挑战赛"中难度较大的普铣加工项目，包括操作试题的工艺分析、刀具、夹具（包括定位、夹紧方案）、切削工艺参数选择等。

技能目标

通过本章的学习，加深了解铣工技术，拓宽铣工知识面，逐步达到高操作技能水平要求。

学习建议

认真学习，多看多做；谨记上学如上班，上课如上岗。

8.1 铣削加工其他技能工艺介绍

8.1.1 概述

铣削加工除了已经介绍的平面铣削、平行面/垂直面铣削、阶台零件铣削、沟槽（直角沟槽）铣削加工外，铣削还具有广泛的使用性，包括铣削斜面、成型面、齿轮面、燕尾槽、T形槽、键槽、V形槽，轮廓、弧形面、螺旋形面等。

8.1.2 铣削斜面

斜面是指与工件基准面成一定倾斜角度的平面，常用铣削斜面的方法如下。

（1）把工件安装成要求的角度铣出斜面，如图 8-1（a）所示。

（2）用靠铁装夹工件铣斜面，如图 8-1（b）所示。

（3）利用角度铣刀铣斜面，如图 8-1(c)所示。

（4）把铣刀调成要求的角度铣斜面，如图 8-1(d)所示。

（5）利用分度头铣削斜面，如图 8-1(e)所示。

（6）调转平口钳钳体角度装夹工件铣斜面，如图 8-1(f)所示。

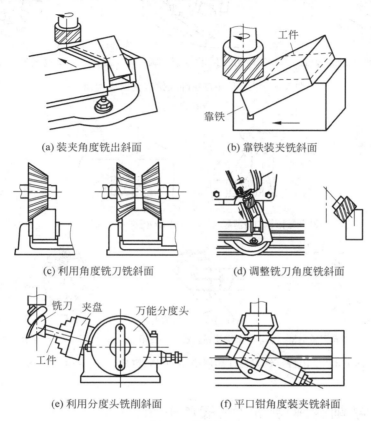

(a) 装夹角度铣出斜面　　　　　　　(b) 靠铁装夹铣斜面

(c) 利用角度铣刀铣斜面　　　　　　(d) 调整铣刀角度铣斜面

(e) 利用分度头铣削斜面　　　　　　(f) 平口钳角度装夹铣斜面

图 8-1　铣削斜面

8.1.3　铣削成型面、齿轮面

通常需要使用成型铣刀在卧式铣床铣削成型面；用凸半圆铣刀铣凹圆弧面，用凹半圆铣刀铣凸圆弧面，齿轮铣刀铣齿轮，如图 8-2 所示；图中 v_f 为工件移动方向，v_c 为铣刀旋转方向。

8.1.4　铣削燕尾槽、T 形槽、键槽、V 形槽

通常需要使用特定铣刀铣削燕尾槽、T 形槽、键槽、半圆键槽、V 形槽，如图 8-3 所示，图中 v_f 为工件移动方向，v_c 为铣刀旋转方向，f 为刀路。

(a) 用凸半圆铣刀铣凹圆弧面　　(b) 用凹半圆铣刀铣凸圆弧面　　(c) 齿轮铣刀铣齿轮

图 8-2　用成型铣刀在卧式铣床铣削成型面

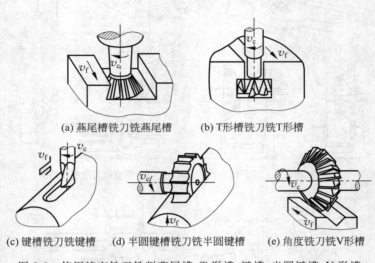

(a) 燕尾槽铣刀铣燕尾槽　　　　(b) T形槽铣刀铣T形槽

(c) 键槽铣刀铣键槽　　(d) 半圆键槽铣刀铣半圆键槽　　(e) 角度铣刀铣V形槽

图 8-3　使用特定铣刀铣削燕尾槽、T 形槽、键槽、半圆键槽、V 形槽

8.1.5　铣削轮廓、弧形面、螺旋形面

手动进给铣削轮廓，如图 8-4(a)所示；利用立铣刀铣凹弧形面，如图 8-4(b)所示；利用角度铣刀铣螺旋形面，如图 8-4(c)所示。

(a) 手动进给铣削轮廓　　　　(b) 立铣刀铣凹弧形面　　　　(c) 角度铣刀铣螺旋形面

图 8-4　铣削轮廓、弧形面、螺旋形面

8.2　世界技能大赛"制造团队挑战赛"普铣加工知识拓展

8.2.1　世界技能大赛"制造团队挑战赛"项目介绍

1. 世界技能大赛

世界技能大赛由世界技能组织举办,被誉为"技能奥林匹克",是世界技能组织成员展示和交流职业技能的重要平台。中国世界技能大赛 LOGO 如图 8-5 所示。

图 8-5　中国世界技能大赛 LOGO

世界技能大赛比赛项目按大类划分,包括结构与建筑技术、创意艺术和时尚、信息与通信技术、制造与工程技术、社会与个人服务、运输与物流等数十个竞赛项目。大部分竞赛项目对参赛选手的年龄限制为 22 岁以下,制造团队挑战赛、机电一体化、信息网络布线和飞机维修四个有工作经验要求的综合性项目,选手年龄限制在 25 岁以下。

2. 制造团队挑战赛

制造团队挑战赛是团体比赛,每一参赛组由 3 名选手组成。参赛者竞赛时年龄不得超过 25 岁。参赛组须有统一标识(如某种颜色的衬衫)或表明自己国籍的袖标(如本国国旗)。

制造团队挑战赛包括设备组件的设计与制造。各参赛组将提前一年收到项目说明书,并在一年内设计参赛组件,由参赛组在竞赛时制造出该组件。竞赛开始时,参赛组还会接到现场设定的任务。

由 3 名选手组成的制造团队挑战赛项目分别是产品设计方向选手、数控加工专业方向选手和综合制造专业选手,涉及设计、加工制造和装配调试 3 个技术领域,要求在为期 4 天的比赛时间内完成设备组件的设计与制造。

制造团队挑战赛这个项目最后看重的并不是哪个队所用时间最短,而是哪个队设计出的产品最好,且节约成本,所以整体预算要规划好。这个项目的含金量可谓所有世界技能竞赛项目中最高的,因为它不但参赛人数多、比赛时间长、选手之间要默契配合,还要求参赛选手具备制图知识,掌握 3D 和 2D 建模软件、CAM 软件等制图技术;具备加工知识,熟悉各种机床的安全工作步骤;此外,要求选手同时具备设计、制图、加工、钣金、电子工程、装配等多项知识和技术。

制造团队挑战赛综合制造专业方向分为客观分和主观分两部分,通常总分为 500 分,如表 8-1 所示。

表 8-1　制造团队挑战赛综合制造专业方向配分表

序号	评分内容	配　分	
		客观分	主观分
1	普铣	150	10
2	普车	115	10
3	电装	50	10
4	钣金	135	10
5	时间成本	10	0
6	客观/主观分小计	460	40
	总　计	500	

3. 知识与能力要求

1) 产品设计专业方向

竞赛项目分 2 个模块:结构设计与制图、电装与编程。参加的选手要具有较强的创新能力与综合设计能力,熟悉从选择材料、三维建模到工程出图的整个设计流程,了解国标制图标准,熟练掌握 Autodesk Inventor 及 AutoCAD 软件,能够创建和修改 3D 模型、装配图、工程图,具备一定的电路知识、电装技能和 AVR 单片机编程基础。

2) 数控加工专业方向

竞赛项目分 4 个模块:数控模块、普车模块、电装模块、制图模块。参加的选手能熟练操作数控加工中心,使用 MasterCAM 软件生成 NC 程序并完成零件数控加工;具备较强的车工技能;了解不同刃具、材料的加工参数,熟悉铝材、钢材等材料的加工;熟练掌握 Autodesk Inventor 及 AutoCAD 软件,能够创建和修改 3D 模型、工程图;同时具备一定的电装技术。

3) 综合制造专业方向

竞赛项目分 4 个模块:普铣模块、普车模块、电装模块、钣金模块。参加的选手能熟练使用普通车床、普通铣床、钻床等设备完成铝材、钢材的机加工;能使用折弯机或虎钳完成薄钢板的钣金加工,并具备一定的电装技能。

4. 普铣模块考核要求

(1) 使用普通铣床完成指定图样的加工,满足图样形状与精度要求。考核选手铣内外轮廓、台阶、岛屿、平面、钻孔、铰孔、攻丝、倒角等铣工技能。

(2) 评价指标或精度要求。

制件尺寸精度(IT7~IT14),表面粗糙度 $Ra1.6\mu m \sim Ra3.2\mu m$,制件符合外观要求,考核时间内完成任务。

8.2.2 制造团队挑战赛普铣模块实战操作训练

根据本章介绍,进行世界技能大赛制造团队挑战赛普铣模块实际操作训练(以第44届制造团队挑战赛普铣项目集训试题为例),所有做法模拟竞赛进行。

1. 工作(工艺)准备

1)赛场设备仪器准备

制造团队挑战赛普铣模块竞赛现场要准备用于检测工件尺寸、粗糙度和形位公差的三坐标测量仪、粗糙度仪等设备仪器,以及千分尺、游标卡尺、螺纹塞规等量具,全部要经过专业计量,并有可使用标签。对于工件的尺寸精度、形位公差以及粗糙度等要素,由专业检验人员使用专业计量器具进行检测,检测过程公开。

竞赛使用的材料:铝,规格 150mm×100mm×50mm;45 号钢,ϕ50mm×136mm;配备砂轮机、划线平台(300mm×400mm)、万能摇臂铣床等。

万能摇臂铣床规格如下。

工作台面积 250mm×1270mm;纵向行程 760mm;横向行程 350mm;垂向行程400mm;主轴孔锥度 ISO 30 或 R8mm;滑枕行程 500mm;主轴套筒行程 120mm。

2)防护用品准备

选手需穿戴安全防护用品,在进行铣床操作时必须穿防砸、防穿刺劳保鞋,服装要求紧身不松垮;在操作铣床、砂轮机时,需佩戴安全护目镜;长发选手在操作铣床、砂轮机时需戴帽子,并把头发全部束入帽子内。

3)工具、量具、刃具设备清单

制造团队挑战赛普铣模块自带工具、量具、刃具清单如表 8-2 所示。

表 8-2 制造团队挑战赛普铣模块工具、量具、刃具清单

序号	名 称	型号/规格	单位	数量
1	中心钻	自定	支	自定
2	钻头	自定	支	自定
3	机用铰刀	ϕ8H7、ϕ10H7	把	自定
4	机用丝锥	M3、M4、M5、M6、M10、M12	支	自定
5	立铣刀	ϕ8mm、ϕ10mm、ϕ12mm、ϕ16mm、ϕ20mm(刃长 50mm)	把	自定
6	钻夹头	1～13mm	个	自定
7	中心钻	自定	个	自定
8	铜棒	自定	根	自定
9	活动扳手	250mm	把	自定
10	内六角扳手	1.5～10mm	套	自定
11	游标卡尺	0～150mm	把	自定
12	深度千分尺	0～75mm	把	自定
13	深度尺	0～150mm	把	自定
14	外径千分尺	0～25mm、25～50mm、50～75mm、75～100mm、100～125mm、125～150mm	把	自定

序号	名　称	型号/规格	单位	数量
15	内径千分尺	5～25mm、25～50mm	把	自定
16	公法线千分尺	0～25mm、25～50mm	把	自定
17	磁力表座和百分表	0.01mm	套	自定
18	角度尺	0°～320°	把	自定
19	刀口角尺	125mm	把	自定
20	高度尺	300mm	把	自定
21	签字笔	自定	支	自定

4）制造团队挑战赛普铣模块加工图

制造团队挑战赛普铣模块加工图具体见附录3，时间4h。

5）评分标准

制造团队挑战赛普铣模块评分标准，具体见附录3。

2. 赛场纪律

（1）选手和裁判员以及各类赛务人员在赛场必须佩戴由组委会签发的相应证件。

（2）参赛选手应准时参赛，迟到30min以上者，将按自动弃权处理，不得入场比赛。

（3）选手不得携带毛坯材料和专用工装夹具入场。选手在比赛过程中所使用的U盘、储存卡等存储设备由组委会统一发放和管理。

（4）每个比赛模块，在监考裁判员发出开始比赛的信号后，选手才可进行操作。在监考裁判员发出结束比赛的信号后，选手应在3min内将考件、试题、评分表、存储设备等交给裁判员。选手每晚提交1min（不足1min按1min计）扣除比赛成绩3分。特殊情况下，由裁判长决定是否延长比赛时间。

（5）正式比赛期间，除裁判长和监考裁判员以外，任何人员不得主动接近选手及其工作区域，不许主动与选手接触与交流。选手在比赛中不得与本代表队的任何人员交流、沟通。选手有问题只能向监考裁判员或裁判长反映，未经裁判员同意，不得擅自离开赛场。

（6）裁判员有纠正选手违规行为的义务和权利。对拒不服从的选手可暂停其比赛直至改正为止。

（7）选手在比赛过程中不得擅自处理比赛设备、设施故障，不得擅自修改设备参数。

（8）选手在比赛过程中，由于非本人违规操作的原因造成设备故障中断比赛的，根据故障或问题处理的具体时间，补足比赛时间。因个人原因导致设备故障而造成的时间延误，不予补偿。

（9）因选手自带工具、刀具、量具及其他参赛用品不能满足比赛要求而影响比赛成绩的，或因选手操作失误造成设备故障无法继续比赛的，后果自负。

（10）选手应严格执行设备安全操作规程。如因选手个人原因造成的事故，由参赛队及个人承担全部责任。

（11）正式公布成绩前，裁判员不得私自与参赛选手联系，不得透露有关情况。

（12）赛场未经许可，禁止摄像、摄影、录音。

（13）赛场内禁止吸烟。

第9章

铣工初级考证理论试题精选

本章要点

铣工初级考试理论题目题型包括单项选择题、判断题和多项选择题等。涉及考级大纲的各个知识点。从 2008 年开始,陆续采用计算机无纸化考核,题型主要为单项选择题和判断题。

计算机无纸化考核每套试卷(初级)通常包括:

(1) 单项选择题约 80 小题,每小题 1 分。

(2) 判断题约 20 题,每小题 1 分;合计 100 分,考试时间为 120min。

技能目标

掌握本章理论知识题目,增加知识量,同时方便通过考核。

学习建议

在理解的基础上熟记。

9.1　分度头知识

一、选择题

1. 铣床上最常用的分度头是(　　),其中心高为 125mm。
   A. F1163　　　　　　B. F11125　　　　　C. F11250

2. F11125 型分度头夹持工件的最大直径是(　　)mm。
   A. 125　　　　　　B. 250　　　　　　C. 500

3. 用万能分度头进行差动分度,应在(　　)之间配置差动交换齿轮。
   A. 分度头主轴与工作台丝杠
   B. 分度头侧轴与工作台丝杠
   C. 分度头主轴与侧轴

4. 差动分度是通过差动交换齿轮使(　　)做差动运动来进行分度的。
   A. 分度盘和分度手柄

　　B. 分度头主轴和工件

　　C. 分度头主轴和工作台丝杠

5. 分度头主轴挂轮轴与主轴是通过内外(　　)联接的。

　　A. 螺纹　　　　　　　　B. 花键　　　　　　　　C. 锥度体

6. F11125 型分度头主轴两端的内锥是(　　)。

　　A. 莫氏 3 号　　　　　　B. 米制 7∶24　　　　　C. 莫氏 4 号

7. F11125 型分度头主轴可在(　　)范围内调整主轴倾斜角。

　　A. －6°～90°　　　　　　B. 0°～180°　　　　　　C. －45°～＋45°

8. 分度头蜗杆脱落手柄的作用是(　　)。

　　A. 调节分度头主轴间隙

　　B. 调节蜗杆轴向间隙

　　C. 脱开或啮合蜗杆副

9. 分度头蜗杆副的传动比是(　　)。

　　A. 1∶100　　　　　　　B. 1∶40　　　　　　　　C. 1∶220

10. 分度头分度盘的圈数最少(最多)是(　　)。

　　　A. 24(62)　　　　　　B. 24(66)　　　　　　　C. 30(66)

11. 不是整转数的分度(如 24/66)通过分度头的(　　)达到分度要求。

　　　A. 分度叉　　　　　　B. 分度盘　　　　　　　C. 主轴刻度盘

12. 使用分度叉可避免每分度一次都要数孔数的麻烦,若需要转过 23 个孔距,分度叉之间所夹的实际孔数是(　　)。

　　　　A. 22　　　　　　　B. 23　　　　　　　　　C. 24

13. 用差动分度法分度时,安装在侧轴上的交换齿轮是(　　)。

　　　A. 主动轮　　　　　　B. 从动轮　　　　　　　C. 中间轮

14. 用差动分度法分度时,分度手柄的转数 n 按(　　)计算确定。

　　　A. 40/Z　　　　　　　B. 20/Z　　　　　　　C. Z/40

15. 为了使差动分度时分度手柄与分度盘转向相反,应使假定等分数(　　)实际等分数。

　　　A. 等于　　　　　　　B. 小于　　　　　　　　C. 大于

参考答案

1. B　2. B　3. C　4. A　5. C　6. C　7. A　8. C　9. B　10. B　11. B　12. C
13. B　14. A　15. B

二、判断题

1. 分度头主轴是空心轴,两端均有莫氏锥度的内锥孔。　　　　　　　　　　(　　)

2. 万能分度头的侧轴通过交错轴斜齿轮传动与分度盘相联系。　　　　　　(　　)

3. 万能分度头的分度手柄直接带动蜗杆副使主轴旋转。 （ ）

4. 分度盘（孔盘）的作用是解决非整转数的分度。 （ ）

5. 在分度头上采用两顶尖装夹工件,鸡心夹、拨盘与分度头主轴是通过锥度配合连接的。 （ ）

6. 简单分度法是根据分度头的蜗轮齿数（定数）和工件的等分来计算操作的。

（ ）

7. 运用简单分度公式计算的结果都是带分数。 （ ）

8. 当简单分度计算后的 $n = 35/49$ 时,分度时分度手柄应在 49 孔圈中转过 34 个孔距。 （ ）

9. 当分度柄转数 n 为分数时,应使分子、分母同时扩大或缩小一个整倍数,使分子值与分度盘上某一孔圈数相同。 （ ）

10. 在分度头交换齿轮传动中,中间齿轮只起连接传动的作用。 （ ）

11. 在分度头交换齿轮传动中,中间齿轮不改变从动轮的转速,但改变从动轮的转向。 （ ）

12. 由差分度的传动关系可知,侧轴与分度盘的转速是相同的。 （ ）

13. 在差动分度时,分度手柄转动,分度盘也作相应转动,它们的转向始终是相同的。

（ ）

14. 铣削六角棱柱,其侧棱之间和侧面之间的夹角是相等的,由分度头简单分度法进行分度。 （ ）

15. 铣削六角棱台,其侧棱和侧面与轴线的夹角是相等的,通常应将工件随分度头主轴旋转角度进行铣削。 （ ）

16. 铣削一棱柱棱台连接体,应先铣削棱柱,后铣削棱台。 （ ）

参考答案

1. √ 2. √ 3. × 4. √ 5. × 6. √ 7. × 8. × 9. × 10. × 11. √
12. √ 13. × 14. × 15. × 16. √

9.2 铣 刀 知 识

判断题

1. 铣刀刀尖是指主切削刃与副切削刃的连接处相当少的一部分切削刃。 （ ）

2. 前角的主要作用是影响切屑变形、切屑与前刀面的摩擦以及刀具的强度。 （ ）

3. 由于增大前角切削刃更锋利,从而使切削省力,因此前角值越大越好。 （ ）

4. 由于增大后角可减少刀具后刀面与切削平面的摩擦,因此后角值越大越好。 （ ）

5. 主偏角影响主切削刃参加铣削的长度,副偏角影响副切削刃对已加工表面的修光作用。 （ ）

6. 铣削速度较低的铣刀,应采用高速钢作为切削部分材料。（　　）

7. 常用的高速钢大都采用 W18Cr4V 钨系高速钢。（　　）

8. 较大直径的立铣刀可用高速钢制造切削部分,用结构钢制造刀体部分。（　　）

9. 尖齿铣刀的刀齿截面上,齿背是由直线或折线组成的。（　　）

10. 成型铣刀为了保证刃磨后齿形不变,一般都采用尖齿结构。（　　）

11. 键槽铣刀用钝后,通常应修磨端面刃。（　　）

12. 半圆键槽铣刀的端面中心孔,在铣削时可用顶尖顶住,以增加铣刀的刚性。

（　　）

13. 用较小直径的铣刀铣削封闭键槽,对称度超差的原因除对刀精度外,通常是由铣削时让刀引起的。（　　）

14. 锯片铣刀与开缝铣刀侧面无刀刃,为了保证宽度尺寸,铣刀宽度自圆周至中心是完全相同的。（　　）

15. 为了防止锯片铣刀松动,通常在刀杆与锯片铣刀之间安装平键。（　　）

16. 增大锯片铣刀与工作的接触角,减小垂直分力,可减少和防止产生打刀现象。

（　　）

17. T 形槽铣刀折断的原因之一是铣削时排屑困难。（　　）

18. 铣削 T 形槽,可直接用半圆键槽铣刀代替 T 形槽铣刀。（　　）

19. 铣削燕尾槽时,应按 1∶50 斜度选择燕尾槽铣刀。（　　）

参考答案

1. √　2. √　3. ×　4. ×　5. √　6. √　7. √　8. √　9. √　10. ×　11. √

12. √　13. √　14. ×　15. ×　16. √　17. √　18. ×　19. ×

9.3　铣床结构

一、选择题

1. 主轴与工作台面垂直的升降台铣床称为（　　）。

　　A. 立式铣床　　　　　B. 卧式铣床　　　　　C. 万能工具铣床

2. 工作台能在水平面内扳转的铣床称为（　　）。

　　A. 卧式铣床　　　　　B. 卧式万能铣床　　　C. 龙门铣床

3. 卧式万能铣床的工作台可以在水平面内反转（　　）角度,以适应用盘式铣刀加工螺旋槽等工件。

　　A. ±35°　　　　　　　B. ±90°　　　　　　　C. ±45°

4. X6132 型铣床的主体是（　　）,铣床的主要部件都安装在上面。

　　A. 底座　　　　　　　B. 床身　　　　　　　C. 工作台

5. X6132 型铣床的床身是（　　）结构。

    A. 框架　　　　　　　B. 箱体　　　　　　　C. 桶形

6. X6132 型铣床的垂直导轨是（　　）导轨。

    A. 梯形　　　　　　　B. 燕尾　　　　　　　C. V 形

7. X6132 型铣床的主电动机安装在铣床床身的（　　）。

    A. 上部　　　　　　　B. 左下侧　　　　　　C. 后部

8. X6132 型铣床主轴的旋转方向是由（　　）控制的。

    A. 按钮开关　　　　　B. 拨动开关　　　　　C. 机械手柄

9. 卧式铣床悬梁的作用是安装支架（　　）。

    A. 安装铣刀杆　　　　B. 支持铣刀杆　　　　C. 紧固铣刀杆

10. X6132 型铣床的主轴转速有（　　）种。

    A. 20　　　　　　　　B. 26　　　　　　　　C. 18

11. X6132 型铣床的主轴最高转速是（　　）r/min。

    A. 1180　　　　　　　B. 1120　　　　　　　C. 1500

12. X6132 型铣床的主轴前端锥孔锥度是（　　）。

    A. 7∶24　　　　　　　B. 莫氏 4 号　　　　　C. 1∶12

13. X6132 型铣床的主轴是（　　）。

    A. 前端有内锥的空心轴　　　　　　　　B. 前端有内锥的实心轴

    C. 后端有内孔的实心轴

14. X6132 型铣床刀杆是通过（　　）紧固在主轴上。

    A. 键块联接　　　　　B. 内外锥配合　　　　C. 拉紧螺杆

15. 卧式铣床支架的作用是（　　）。

    A. 增加刀杆刚度　　　B. 紧固刀杆　　　　　C. 增加铣刀强度

16. X6132 型铣床的纵向进给丝杆与手柄是通过（　　）联接的。

    A. 销钉　　　　　　　B. 平键　　　　　　　C. 离合器

17. X6132 型铣床纵向自动进给改变方向是改变（　　）的旋转方向实现的。

    A. 螺母　　　　　　　B. 电动机　　　　　　C. 手柄

18. X6132 型铣床自动进给是由（　　）提供动力的。

    A. 主电动机通过齿轮　　　　　　　　　B. 主电动机通过 V 带

    C. 进给电动机通过齿轮

19. X6132 型铣床的垂直自动进给最小进给量为（　　）mm/min。

    A. 23.5　　　　　　　B. 30.5　　　　　　　C. 8

20. 在练习开动铣床之前,控制转速和进给量的转盘(手柄)均应处于（　　）位置。

    A. 中间值　　　　　　B. 最小值　　　　　　C. 最大值

21. X6132 型铣床工作台三个方向的自动进给移动到最终位置时,由（　　）切断电源,使工作台停止进给。

    A. 挡铁　　　　　　　B. 紧锁装置　　　　　C. 安全离合器

参考答案

1. A 2. B 3. C 4. B 5. B 6. B 7. C 8. B 9. B 10. C 11. C 12. A
13. A 14. C 15. A 16. C 17. B 18. C 19. C 20. B 21. A

二、判断题

1. 立式铣床的主要特征是主轴与工作台面垂直。　　　　　　　　　　（　　）

2. 卧式铣床的工作台都能回转角度，以适应螺旋槽铣削。　　　　　（　　）

3. 卧式铣床的主轴安装在铣床床身的上部。　　　　　　　　　　　（　　）

4. 卧式铣床上部有水平导轨，悬梁可沿此导轨调整伸出长度。　　　（　　）

5. 铣床床身前壁有燕尾形垂直导轨，升降台可沿此导轨垂直移动。　（　　）

6. 铣床的主电机位于铣床左下角。　　　　　　　　　　　　　　　（　　）

7. 改变 X62W 型铣床主轴转速时，只须转动变速盘，将所需转速值与箭头对准即可。
　　　　　　　　　　　　　　　　　　　　　　　　　　　　　　　（　　）

8. X62W 型铣床的电器操纵按钮通常用于主轴启动、停止和工作台快速进给。
　　　　　　　　　　　　　　　　　　　　　　　　　　　　　　　（　　）

9. X62W 型铣床主轴是空心轴，前端有莫氏 5 号锥孔。　　　　　　（　　）

10. 安装在主轴孔内的拉紧螺杆，用途是拉紧刀杆，使刀杆的外锥部与主轴内锥紧密
连接。　　　　　　　　　　　　　　　　　　　　　　　　　　　　（　　）

11. 卧式铣床支架的作用是支撑刀杆远端，增加刀杆的刚性度。　　　（　　）

12. X62W 型铣床工作台的纵向和横向手动进给都是通过手轮带动丝杠旋转实
现的。　　　　　　　　　　　　　　　　　　　　　　　　　　　　（　　）

13. X62W 型铣床的自动进给是通过扳手手柄，改变进给电动机的旋转方向来改变
工作台移动方向的。　　　　　　　　　　　　　　　　　　　　　　（　　）

14. 铣床升降台可以带动工作台垂向移动。　　　　　　　　　　　　（　　）

15. 铣床的自动进给是由进给电动机提供动力的。　　　　　　　　　（　　）

16. 调整 X62W 型铣床进给速度时，只须转动菌状转盘，使箭头对准选定的进给速度
值即可。　　　　　　　　　　　　　　　　　　　　　　　　　　　（　　）

17. 在练习开动铣床前，各个手柄都应放在零位或空挡上，控制转速和进给速度的转
盘应处于最大值。　　　　　　　　　　　　　　　　　　　　　　　（　　）

18. 操纵铣床时，为了防止意外，在三个进给方向的两端均应装上限位挡铁。（　　）

参考答案

1. √ 2. × 3. √ 4. × 5. √ 6. × 7. × 8. √ 9. × 10. √ 11. √
12. √ 13. √ 14. √ 15. √ 16. × 17. × 18. √

9.4　铣　床　操　作

一、选择题

1. 铣刀切削刃选定点相对于工件主运动的瞬时速度称为(　　)。
   A. 铣削速度　　　　　B. 进给量　　　　　C. 转速
2. 铣床上进给变速机构标定的进给量单位是(　　)。
   A. mm/r　　　　　　B. mm/min　　　　　C. mm/z
3. 在针对刀具、工件材料等条件确定铣床进给量时,应先确定的是(　　)。
   A. f_z　　　　　　　B. f　　　　　　　C. v_f
4. 铣刀每转进给量 $f=0.64$ mm/r,主轴转速 $n=75$ r/min,铣刀刀齿数 $z=8$,则 f_z 为
   (　　)mm。
   A. 48　　　　　　　B. 5.12　　　　　　C. 0.08
5. 铣削速度的单位是(　　)。
   A. m/min　　　　　B. mm　　　　　　C. r/min
6. 铣床的主轴转速根据切削速度 v_c 确定,$n=$(　　)。
   A. $1000v_c/\pi d$　　　B. $v_c/\pi d$　　　　C. $\pi d/1000v_c$
7. 铣削用量选择的次序是(　　)。
   A. f_z、a_e 或 a_p、v_c　　　　　　　B. a_e 或 a_p、f_z、v_c
   C. v_c、f_z、a_e 或 a_p
8. 粗铣时,限制进给量提高的主要因素是(　　)。
   A. 铣削力　　　　B. 表面粗糙度　　　　C. 尺寸精度
9. 精铣时,限制进给量提高的主要因素是(　　)。
   A. 铣削力　　　　B. 表面粗糙度　　　　C. 尺寸精度
10. 采用切削液能将已产生的切削热从切削区域迅速带走,主要是因为切削液具
    有(　　)。
    A. 润滑作用　　　B. 冷却作用　　　　C. 防锈作用
11. 粗加工时,应选择以(　　)为主的切削液。
    A. 防锈　　　　　B. 润滑　　　　　C. 冷却
12. 精加工时,应选择以(　　)为主的切削液。
    A. 防锈　　　　　B. 润滑　　　　　C. 冷却
13. X6135 型铣床的纵向刻度盘每格示值 0.05,刻度盘应刻有(　　)个等分格。
    A. 100　　　　　　B. 120　　　　　　C. 140
14. 卧式铣床常用的铣刀刀杆直径有(　　)、40mm 和 50mm 5 种。
    A. 22mm、27mm、32mm　　　　B. 20mm、25mm、30mm
    C. 10mm、20mm、30mm

15. 铣刀安装后,安装精度通过检验铣刀的( )确定。

    A. 夹紧力   B. 转向   C. 跳动量

16. 安装直柄立铣刀是通过( )进行的。

    A. 弹簧夹头套筒   B. 过渡套筒   C. 钻夹头

17. 弹簧夹头用于装夹直柄铣刀,通常有( )条弹性槽。

    A. 5   B. 4   C. 3

18. 安装锥柄铣刀的过渡套筒内锥是( )。

    A. 莫氏锥度   B. 7:24锥度   C. 20°锥度

19. 在立式铣床上用机用平口钳装夹工件,应使铣削力指向( )。

    A. 活动钳口   B. 虎钳导轨   C. 固定钳口

20. 在铣床上用机用平口虎钳装夹工件,其夹紧力是指向( )。

    A. 活动钳口   B. 虎钳导轨   C. 固定钳口

21. 用机床用平口虎钳装夹工件,工件余量层应( )钳口。

    A. 稍低于   B. 稍高于   C. 尽量多高于

22. 用压板压紧工件时,垫块的高度应( )工件。

    A. 稍低于   B. 稍高于   C. 尽量低于

23. 在铣床上采用压板夹紧工件时,为了增大夹紧力,应使螺栓( )。

    A. 远离工件   B. 在压板中间   C. 靠近工件

24. 采用周铣法铣削平面,平面度的好坏主要取决于铣刀的( )。

    A. 锋利度   B. 圆柱度   C. 转速

25. 采用端铣法铣削平面,平面度的好坏主要取决于铣刀的( )。

    A. 圆柱度   B. 刀尖锋利程度

    C. 轴线与工件台面(或进给方向)垂直度

26. 在立式铣床上用端铣法加工短且宽的工件时,通常采用( )。

    A. 对称端铣   B. 逆铣   C. 顺铣

27. 若加工一矩形工件,要求平面 B 和 C 垂直于平面 A,平面 D 平行于平面 A,加工时的定位基准是( )面。

    A. A   B. B   C. D

28. 在卧式铣床上用周铣法铣削垂直面与平行面,产生误差的根本原因是( )形成的平面与基准面不垂直或不平行。

    A. 切削刃   B. 刀尖轨迹   C. 刀体

29. 在立式铣床上用端铣法铣削垂直面时,用机床用平口虎钳装夹工件,应在( )与工件之间放置一根圆棒。

    A. 固定钳口   B. 活动钳口   C. 导轨面

30. 铣削矩形工件两侧垂直面时,选用机床用平口虎钳装夹工件,若铣出的平面与基准面之间的夹角<90°,应在固定钳口( )垫入纸片或铜片。

    A. 中部   B. 下部   C. 上部

31. 对尺寸较大的工件,通常在(　　)铣削垂直面较合适。

  A. 卧式铣床上用圆柱铣刀　　　　　　　B. 卧式铣床上用面铣刀

  C. 立式铣床上用面铣刀

32. 当工件基准面与工作台面平行时,应在(　　)铣削平行面。

  A. 立铣上用周铣法　　　　　　　　　　B. 卧铣上用周铣法

  C. 卧铣上用端铣法

33. 在卧式铣床上加工矩形工件,通常选用(　　)铣刀,以使铣削平稳。

  A. 螺旋粗齿圆柱　　　B. 错齿三面刃　　　C. 直齿圆柱

34. 机床用平口虎钳底部的键块定位是为了使钳口与(　　)平行或垂直。

  A. 工作台面　　　　　B. 铣刀　　　　　　C. 进给方向

35. 铣削矩形工件时,铣好第一面后,按顺序应先加工(　　)。

  A. 两端垂直面　　　　B. 平行面　　　　　C. 两侧垂直面

36. 立式铣床主轴与工作台面不垂直,用横向进给铣削会铣出(　　)。

  A. 平行或垂直面　　　B. 斜面　　　　　　C. 凹面

37. 在卧式铣床上用圆柱铣刀铣削平行面,造成平行度差的原因之一是(　　)。

  A. 铣刀圆柱度差　　　B. 切削速度不当　　C. 进给量不当

38. 选用可倾虎钳装夹工件,铣削与基准面夹角为 α 的斜面,当基准面与预加工表面垂直时,虎钳转角 θ 为(　　)。

  A. $180°-\alpha$　　　　　B. α　　　　　　　C. $180°-\alpha$ 或 α

39. 在卧式铣床上用三面刃铣刀铣削台阶,为了减少铣刀偏让,应选用(　　)的三面刃铣刀。

  A. 厚度较小　　　　　B. 直径较大　　　　C. 直径较小厚度较大

40. 当台阶的尺寸较大时,为了提高生产效率和加工精度,应在(　　)铣削加工。

  A. 立铣上用面铣刀　　　　　　　　　　B. 卧铣上用三面刃铣刀

  C. 立铣上用键槽铣刀

41. 用两把直径相同的三面刃铣刀组合铣削台阶时,考虑到铣刀偏让,应用刀杆垫圈将铣刀内侧的距离调整到(　　)工件所需要的尺寸进行试铣。

  A. 略小于　　　　　　B. 等于　　　　　　C. 略大于

42. 用三面刃铣刀组合铣削台阶时,两把铣刀切削刃之间的距离应根据(　　)尺寸进一步调整较为合理。

  A. 两铣刀切削刃之间测量的　　　　　　B. 试件铣出的

  C. 两铣刀凸缘之间的

43. 在万能卧式铣床上用盘形铣刀铣削台阶时,台阶两侧面上窄下宽,呈凹弧形面,这种现象是由(　　)引起的。

  A. 铣刀刀尖有圆弧　　　　　　　　　　B. 工件定位不准确

  C. 工作台零位不对

44. 封闭式直角沟槽通常选用（　　）铣削加工。

　　A. 三面刃铣刀　　　　B. 键槽铣刀　　　　C. 盘形槽铣刀

45. 在铣削封闭式直角沟槽时，选用（　　）铣削，加工前需预钻落刀孔。

　　A. 立铣刀　　　　　　B. 键槽铣刀　　　　C. 盘形槽铣刀

46. 锯片铣刀和切口铣刀的厚度自圆周向中心凸缘（　　）。

　　A. 逐渐增厚　　　　B. 平行一致　　　　C. 逐渐减薄

47. 为了减少振动，避免锯片铣刀折损，切断时通常应使铣刀外圆（　　）。

　　A. 尽量高于工件底面　　　　　　　　　B. 尽量低于工件底面

　　C. 略高于工件底面

48. 铣削 T 形槽时，首先应加工（　　）。

　　A. 直槽　　　　　　　B. 槽底　　　　　　C. 倒角

49. 在铣削 T 形槽时，通常可将直槽铣得（　　），以减少 T 形铣刀端面摩擦，改善切削条件。

　　A. 比底槽略浅些　　　B. 与槽底接平　　　C. 比底槽略深些

50. 燕尾槽的宽度通常用（　　）测量。

　　A. 内径百分尺直接　　　　　　　　　　B. 样板比较

　　C. 标准圆棒和量具配合

51. 用扳转立铣头的方法，选用面铣刀铣削一棱台，立铣头的板转角度是（　　）。

　　A. 棱台侧面与工件轴的夹角　　　　　　B. 棱台侧面与端面的夹角

　　C. 棱台侧棱与工件轴线的夹角

参考答案

1. A　2. B　3. A　4. C　5. A　6. A　7. B　8. A　9. B　10. B　11. C　12. B
13. B　14. A　15. C　16. A　17. C　18. A　19. C　20. C　21. B　22. B　23. C
24. B　25. C　26. A　27. A　28. A　29. B　30. C　31. F　32. B　33. A　34. C
35. C　36. B　37. A　38. C　39. C　40. A　41. C　42. B　43. C　44. B　45. A
46. C　47. C　48. A　49. C　50. C　51. A

二、判断题

1. 铣削过程中的运动分为主运动和进给运动。　　　　　　　　　　　　（　　）

2. 进给速度是工件在进给方向上相对刀具的每分钟位移量。　　　　　　（　　）

3. 铣削用量的选择顺序是吃刀量、每齿进给量、铣削速度，然后换算成每分钟进给量和每分钟主轴转数。　　　　　　　　　　　　　　　　　　　　　　　　　　（　　）

4. 粗铣前确定铣削速度，必须考虑铣床的许用功率，如超过铣床许用功率，应适当提高铣削速度。　　　　　　　　　　　　　　　　　　　　　　　　　　　　　　（　　）

5. 切削液在铣削中主要起到防锈、清洗作用。　　　　　　　　　　　　（　　）

6. 切削液的主要成分是矿物质，这类切削液的比热容高，流动性较差。　（　　）

7. 粗铣加工时,应选用以润滑为主的切削液。　　　　　　　　　　　　　　　　（　　）

8. 铣削时,若切削作用力与进给方向相反,则会因存在丝杠螺母间隙而使工作台产生拉动现象。　　　　　　　　　　　　　　　　　　　　　　　　　　　　　　　　　（　　）

9. X62W 型铣床工作台纵向进给随丝杠移动,横向进给随螺母移动,但因间隙产生拉动的现象是类同的。　　　　　　　　　　　　　　　　　　　　　　　　　　　　　（　　）

10. 铣削工作台移动尺寸的准确性主要靠刻度盘来保证。　　　　　　　　　　　　（　　）

11. 安装铣刀的步骤:安装刀杆、安装垫圈和铣刀……最后调整并紧固悬梁、支架。
　　　　　　　　　　　　　　　　　　　　　　　　　　　　　　　　　　　　（　　）

12. 安装直柄铣刀时,通过套筒体锁紧螺母的锁紧力,推动弹簧夹头外锥在套筒内锥移动,从而使弹簧夹头内孔收缩来夹紧铣刀。　　　　　　　　　　　　　　　　　（　　）

13. 安装锥柄铣刀是通过过渡套筒进行的,铣刀锥柄是莫氏锥度。　　　　　　　　（　　）

14. 安装锥柄铣刀选用的拉紧螺杆螺纹必须与过渡套筒尾部的内螺纹相同。（　　）

15. 工件的装夹不仅要牢固可靠,还要求位置正确。　　　　　　　　　　　　　　（　　）

16. 使用机用平口钳装夹工件,铣削过程中应使铣削力指向活动钳口。　　　　　（　　）

17. 用端铣方法铣削平面,其平面度的好坏主要取决于铣床主轴线与进给方向的垂直度。　　　　　　　　　　　　　　　　　　　　　　　　　　　　　　　　　　　（　　）

18. 顺铣时,作用在工件上的力在进给方向的分力与进给方向相反,因此丝杠轴向间隙对顺铣无明显影响。　　　　　　　　　　　　　　　　　　　　　　　　　　　　（　　）

19. 圆柱铣刀可以采用顺铣的条件为铣削余量较小,铣削力在进给方向的分力小于工作台导轨面之间的摩擦力。　　　　　　　　　　　　　　　　　　　　　　　　　（　　）

20. 圆柱铣刀的顺铣与逆铣相比,顺铣时切削刃一开始就切入工件,切削刃磨损比较小。　　　　　　　　　　　　　　　　　　　　　　　　　　　　　　　　　　　（　　）

21. 对表面有硬皮的毛坯件,不宜采用顺铣。　　　　　　　　　　　　　　　　　（　　）

22. 用纵向进给端铣平面,若有对称铣削,工作台沿横向易产生拉动。　　　　　（　　）

23. 用周铣法铣削垂直面或平行面时,产生误差的原因是刀尖轨迹形成的平面与基准面不垂直或不平行。　　　　　　　　　　　　　　　　　　　　　　　　　　　　（　　）

24. 铣削垂直面时,在工件和活动钳口之间放一根圆棒,是为了使基准面与虎钳导轨面紧密贴合。　　　　　　　　　　　　　　　　　　　　　　　　　　　　　　　　（　　）

25. 在端铣法铣削平面时,若立铣头主轴与工作台面不垂直,可能铣成凹面或斜面。
　　　　　　　　　　　　　　　　　　　　　　　　　　　　　　　　　　　　（　　）

26. 由于角度铣刀的刀齿强度较差,容屑槽较小,因此应选择较小的每齿进给量。
　　　　　　　　　　　　　　　　　　　　　　　　　　　　　　　　　　　　（　　）

27. 铣削斜面时,若采用转动立铣头方法铣削,立铣头转角与工件斜面夹角必须相等。　　　　　　　　　　　　　　　　　　　　　　　　　　　　　　　　　　　（　　）

28. 转动立铣头铣削斜面,通常使用纵向进给进行铣削。　　　　　　　　　　　　（　　）

29. 为了提高铣床立铣头回转角度的精度,可采用正弦规检测找正。　　　　　　（　　）

30. 铣削台阶面时,三面刃铣刀容易朝不受力的一侧偏让。　　　　　　　　　　　（　　）

31. 铣削台阶面时,为了减少偏让,应选择较大直径的三面刃铣刀。　　　　　　　（　　）

32. 用立铣刀铣削台阶面时,若立铣刀外圆上切削刃铣削台阶侧面,则端面切削刃铣削台阶平面。　　　　　　　　　　　　　　　　　　　　　　　　　　（　　）

33. 采用两把三面刃组合铣削台阶面时,铣刀内侧面切削刃之间的距离应调整得比工件所需要尺寸略大一些。　　　　　　　　　　　　　　　　　　　　　（　　）

34. 用三面刃铣刀铣削台阶时,若万能卧式铣床工作台零位不准,则铣出的台阶侧面呈凹弧形曲面。　　　　　　　　　　　　　　　　　　　　　　　　　（　　）

35. 用三面刃铣刀铣削两侧台阶面时,铣好一侧后,铣另一侧时横向移动距离为凸台宽度与铣刀宽度之和。　　　　　　　　　　　　　　　　　　　　　　　（　　）

36. 对称度要求较高的台阶面,通常采用换面法进行加工。　　　　　　　（　　）

37. 封闭式直角沟槽可直接用立铣刀进行加工。　　　　　　　　　　　　（　　）

38. 若轴上半封闭键槽配装一端带圆弧的平键,该槽应选用三面刃铣刀铣削。

　　　　　　　　　　　　　　　　　　　　　　　　　　　　　　　　（　　）

39. 铣削直角沟槽时,若三面刃铣刀轴向摆差较大,铣出的槽宽会小于铣刀宽度。

　　　　　　　　　　　　　　　　　　　　　　　　　　　　　　　　（　　）

40. 为了铣削出精度较高的键槽,键槽铣刀安装后须找正后切削刃与铣床主轴的对称度。　　　　　　　　　　　　　　　　　　　　　　　　　　　　　　（　　）

41. 用较小直径的立铣刀和键槽铣刀铣削直角沟槽,由于作用在铣刀上的力会使铣刀偏让,因此齿铣刀切削位置会有少量改变。　　　　　　　　　　　　　（　　）

42. 铣削一批直径偏差较大的轴类零件键槽,宜选用机用平口钳装夹工件。（　　）

43. 采用 V 形架装夹不同直径的轴类零件,可保证工件的中心位置始终不变。

　　　　　　　　　　　　　　　　　　　　　　　　　　　　　　　　（　　）

44. 轴用虎钳的钳口对轴类零件起到自动定位的作用。　　　　　　　　（　　）

45. 用盘铣刀在轴类工件表面切痕对刀,其切痕是椭圆形的。　　　　　（　　）

46. 键槽铣刀的切痕对刀法是使铣刀的切削刃回转轨迹落在矩形小平面切痕的中间位置。　　　　　　　　　　　　　　　　　　　　　　　　　　　　　　（　　）

47. 在通用铣床上铣削键槽,大多采用分层铣削的方法。　　　　　　　（　　）

48. 装夹切断加工工件时,应使切断处尽量靠近夹紧点。　　　　　　　（　　）

49. 在卧式万能铣床上切断加工较宽的工作,工作台零位不准会使铣刀扭曲折损。

　　　　　　　　　　　　　　　　　　　　　　　　　　　　　　　　（　　）

50. 铣削 V 形槽,通常应先铣出 V 形部分,然后铣削中间窄槽。　　　（　　）

参考答案

1. √　2. √　3. √　4. ×　5. ×　6. ×　7. ×　8. ×　9. √　10. ×　11. ×
12. √　13. √　14. ×　15. √　16. ×　17. √　18. ×　19. √　20. √　21. √
22. √　23. ×　24. ×　25. √　26. √　27. ×　28. ×　29. √　30. √　31. ×
32. ×　33. √　34. √　35. √　36. √　37. √　38. √　39. √　40. √　41. √
42. ×　43. ×　44. √　45. √　46. √　47. ×　48. √　49. √　50. ×

9.5　铣　床　保　养

一、选择题

1. 铣床运转(　　)小时后一定要进行一级保养。
   A. 300　　　　　　B. 400　　　　　　C. 500
2. 铣床一级保养部位包括外保养、(　　)、冷却、润滑、附件、电器等。
   A. 机械　　　　　B. 传动　　　　　C. 工作台

参考答案
1. C　2. B

二、判断题

1. 对铣床上手拉油泵、手揿油泵、注油孔等部位,一般每星期加一次润滑油。(　　)
2. 铣床的一级保养应由操作工人独立完成。(　　)
3. 调整工作台镶条是铣床传动部位一级保养内容之一。(　　)
4. 检查限位装置是否安全可靠是铣床传动部位一级保养内容之一。(　　)
5. 铣床一级保养包括外保养、传动、润滑、冷却、电器五个部位。(　　)

参考答案
1. ×　2. ×　3. √　4. ×　5. ×

第10章

铣工（初级）考级实操试题
精选与工艺分析

1. 考题训练图纸

考题训练图纸（沟槽加工）如图 10-1 所示，操作时间：200min。

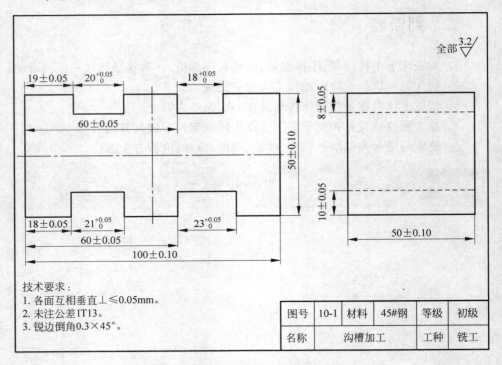

技术要求：
1. 各面互相垂直⊥≤0.05mm。
2. 未注公差IT13。
3. 锐边倒角0.3×45°。

图号	10-1	材料	45#钢	等级	初级
名称	沟槽加工			工种	铣工

图 10-1　考题训练——沟槽加工图样

2. 材料、工具、量具、刃具清单

材料、工具、量具、刃具清单如表 10-1 所示。

表 10-1 考题训练材料、工具、量具、刃具清单

序号	名　称	规　格	数　量
1	立铣刀	$\phi10$mm～$\phi25$mm	自定
2	游标卡尺	0～150mm	1
3	深度游标卡尺	0～150mm	1
4	深度千分尺	0～25mm	1
5	外径千分尺	0～25mm、25～50mm、50～75mm、75～100mm	各1把
6	内径千分尺	5～50mm	1
7	百分表及表座	1～10mm	1
8	胶锤		1
9	铜棒		1
10	锉刀、刮刀		自定
11	平行垫铁		自定
12	45 号钢毛坯材料	105mm×55mm×55mm	1
13	呆头扳手、活扳手等常用工具		自定

3. 考核评分表

考题训练考核评分表如表 10-2 所示。

表 10-2 考题训练考核评分表

项目	考核内容	要　求	配分	检测结果	得分
轮廓	(100 ± 0.10)mm	超差不得分	5		
	(50 ± 0.10)mm(2 处)	超差不得分	10		
槽宽	$20^{+0.05}_{0}$mm	超差 0.01,扣 1 分	5		
	$18^{+0.05}_{0}$mm	超差 0.01,扣 1 分	5		
	$21^{+0.05}_{0}$mm	超差 0.01,扣 1 分	5		
	$23^{+0.05}_{0}$mm	超差 0.01,扣 1 分	5		
	(8 ± 0.05)mm(2 处)	超差不得分	8		
	(10 ± 0.05)mm(2 处)	超差不得分	8		
长度	(19 ± 0.05)mm	超差不得分	4		
	(60 ± 0.05)mm(4 处)	每处 1 分	4		
	(18 ± 0.05)mm(4 处)	每处 1 分	4		
	(60 ± 0.05)mm(4 处)	每处 1 分	4		
形位公差	⊥ 0.05 (三面)	超差不得分	12		
其他	$Ra3.2\mu$m	超差一处,扣 1 分	6		
	锐边倒角 0.3×45°(52 处)	超差一处,扣 1 分	6		
文明生产	执行操作规程	穿工作服,女生戴帽子,带防护眼镜,穿防护鞋	2		
	正确使用工量刃具	工具与量具摆放整齐	2		
	安全生产	机床清洁,场地清洁	5		
合　计					

4. 加工工艺参考

1）图样分析

根据图样要求,该工件外形尺寸为(100 ± 0.10)mm×(50 ± 0.10)mm×(50 ± 0.10)mm,沟槽尺寸为$18^{+0.05}_{0}$mm×(8 ± 0.05)mm×50mm,$20^{+0.05}_{0}$mm×(8 ± 0.05)mm×50mm,$21^{+0.05}_{0}$mm×(10 ± 0.05)mm×50mm,$23^{+0.05}_{0}$mm×(10 ± 0.05)mm×50mm;表面粗糙度要求$Ra3.2\mu$m,工件材料为45♯钢,材料硬度适中,切削性能较好,选择立式铣床(立式炮塔铣床)进行加工。

2）选择、安装铣刀

根据最小直角沟槽的宽度和精度要求选择直径为$\phi16$mm的直柄立铣刀。

3）装夹工件

根据工件形状采用平口虎钳装夹,为了便于装夹,将两块较窄的平行垫铁垫在工件下面。用百分表校正平口虎钳固定钳口,使其与纵向进给方向平行。找正工件底面与工作台台面平行。

4）填写加工工序卡

按照铣削加工工艺规程填写加工工序卡,表10-3所示为参考工序卡,先确定刀具,然后确定背吃刀量,再确定进给量,最后确定主轴转速。

表 10-3 加工工序卡

工序卡名称				零件名称	沟槽加工		
工序号	夹具名称	材料	毛坯尺寸	车间	设备名称	设备型号	设备编号
	平口虎钳	45♯钢	105mm×55mm×55mm				
工步号	工 步 内 容		刀具	主轴转速/(r/min)	进给量/(mm/r)	背吃刀量/mm	侧吃刀量/mm
1	装夹并校正工件						
2	粗铣外形 100mm×50mm×30mm		$\phi16$mm	1500	0.5	2	
3	精铣外形(100 ± 0.10)mm×(50 ± 0.10)mm×30mm		$\phi16$mm	2000	0.1	0.1	
4	在工件上划出各槽尺寸、位置线						
5	粗铣沟槽$18^{+0.05}_{0}$mm×(8 ± 0.05)mm 和$20^{+0.05}_{0}$mm×(8 ± 0.05)mm		$\phi16$mm	1500	0.5	2	
6	精铣沟槽$18^{+0.05}_{0}$mm×(8 ± 0.05)mm 和$20^{+0.05}_{0}$mm×(8 ± 0.05)mm		$\phi16$mm	2000	0.1	0.1	
7	翻面装夹并校正工件						
8	粗铣外形 100mm×50mm×20mm		$\phi16$mm	1500	0.5	2	
9	精铣外形(100 ± 0.10)mm×(50 ± 0.10)mm×20mm		$\phi16$mm	2000	0.1	0.1	

续表

工步号	工 步 内 容	刀具	主轴转速/(r/min)	进给量/(mm/r)	背吃刀量/mm	侧吃刀量/mm
10	在工件上划出各槽尺寸、位置线					
11	粗铣沟槽 $21^{+0.05}_{0}$ mm×(10±0.05)mm 和 $23^{+0.05}_{0}$ mm×(10±0.05)mm	ϕ16mm	1500	0.5	2	
12	精铣沟槽 $21^{+0.05}_{0}$ mm×(8±0.05)mm 和 $23^{+0.05}_{0}$ mm×(8±0.05)mm	ϕ16mm	2000	0.1	0.1	
13	测量,卸下工件					

参 考 文 献

[1] 郭秀明,张富建.车工理论与实操(入门与初级考证)[M].北京:清华大学出版社,2014.

[2] 张富建.钳工理论与实操(入门与初级考证)[M].北京:清华大学出版社,2014.

[3] 张富建.焊工理论与实操(电焊、气焊、气割入门与上岗考证)[M].北京:清华大学出版社,2014.

[4] 郑平.职业道德[M].2 版.北京:中国劳动社会保障出版社,2007.

[5] 陈臻.铣工工艺与技能训练[M].北京:中国劳动社会保障出版社,2002.

[6] 陈礁,郑有圣.铣削加工技术[M].北京:高等教育出版社,2015.

[7] 朱仁盛,魏仕华.机械加工技术项目训练教程[M].北京:高等教育出版社,2015.

附录1

学生实操手册

学生实操手册

工种＿＿＿＿＿＿＿＿

班级＿＿＿＿＿＿＿＿

学号＿＿＿＿＿＿＿＿

姓名＿＿＿＿＿＿＿＿

（注：本手册在所有实操内容结束后，填写完整交给实操指导教师）

实 操 周 记

年 月 日 第 周

实操任务		设备、材料	
		工具、量具、刃具	
实操过程记录			
收获体会			

日常维护	卫生（　　　）；设备、工具、量具、刃具保养（　　　）；其他（　　　）		
安全文明生产	工作服（　　）；劳保防护用品（　　　）；遵守规程守则（　　）		
工作态度	出勤（　　）；早读（　　）；作业完成（　　）；课堂纪律（　　）		
8S情况	整理（　　）；整顿（　　）；清扫（　　）；清洁（　　） 素养（　　）；安全（　　）；节约（　　）；学习（　　）		
考核		指导教师 签名	

参加设备保养记录

所有实操的学生均要在教师的指导下参加设备保养,每周一小保,每月一中保,每学期一大保。本项无记录,实训总评成绩记为零。

月份	设备名称	保 养 内 容	小组长签名
考核评分			

实 训 总 结

附录2

工位设备交接表与实操过程管理

工位设备交接表

班级：_____ 日期：_____年____月____日　班次：日班□　中班□　指导教师：_____

序号	姓名	设备情况	文明生产 （优/良/中/差）	清洁情况 （优/良/中/差）	备注

实操过程要求

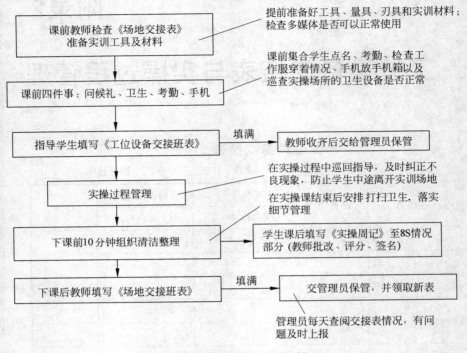

课前教师检查《场地交接表》准备实训工具及材料	提前准备好工具、量具、刃具和实训材料；检查多媒体是否可以正常使用
课前四件事：问候礼、卫生、考勤、手机	课前集合学生点名、考勤、检查工作服穿着情况、手机放手机箱以及巡查实操场所的卫生设备是否正常
指导学生填写《工位设备交接班表》 填满 教师收齐后交给管理员保管	
实操过程管理	在实操过程中巡回指导，及时纠正不良现象，防止学生中途离开实训场地 在实操课结束后安排打扫卫生，落实细节管理
下课前10分钟组织清洁整理	学生课后填写《实操周记》至8S情况部分（教师批改、评分、签名）
下课后教师填写《场地交接班表》 填满 交管理员保管，并领取新表	

管理员每天查阅交接表情况，有问题及时上报

实操过程场地、设备管理

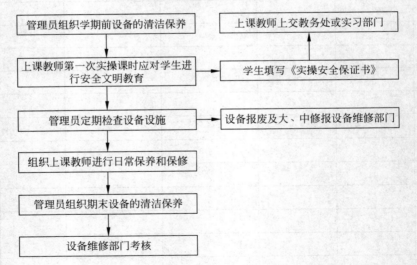

管理员组织学期前设备的清洁保养

上课教师第一次实操课时应对学生进行安全文明教育 → 学生填写《实操安全保证书》 → 上课教师上交教务处或实习部门

管理员定期检查设备设施 → 设备报废及大、中修报设备维修部门

组织上课教师进行日常保养和保修

管理员组织期末设备的清洁保养

设备维修部门考核

附录3

第44届制造团队挑战赛普铣项目集训试题(含评分表)

扫描二维码可直接下载第 44 届制造团队挑战赛普铣项目集训试题及评分表。

第 44 届制造团队挑战赛普铣项目集训试题及评分表

附录4

2016年广州某集团公司铣工竞赛实操试题(含评分表及工量刃具清单)

1. 实操试题图纸

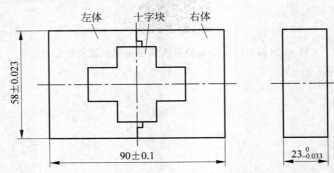

左体　十字块　右体

58 ± 0.023

90 ± 0.1

$23_{-0.033}^{0}$

技术要求:
1. 配合间隙小于0.1mm;
2. 互换配合;
3. 锐边倒角0.3×45°。

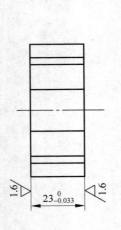

$23_{-0.033}^{0}$

1.6 1.6

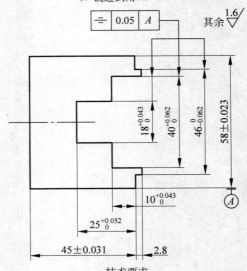

= | 0.05 | A

其余 1.6

$18_{0}^{+0.043}$

$40_{-0.062}^{0}$

$46_{-0.062}^{0}$

58 ± 0.023

$10_{0}^{+0.043}$

$25_{0}^{+0.052}$

45 ± 0.031

2.8

A

技术要求:
1. 邻面互相⊥≤0.05mm;
2. 未注公差IT13;
3. 锐边倒角0.3×45°。

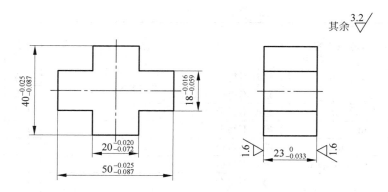

2. 评分表

准考证号：_____　姓名：_____　考件编号：_____

起止时间_____时_____分至_____时_____分（限时 360min）

序号	项目	考核内容	要　　求	配分	检测结果	得分
1	配合	配合间隙（12处）	间隙小于0.05不扣分；0.06～0.07扣2分；0.08～0.10扣5分，大于0.10不得分	6		
		配合能互换（4处）	4处能互换不扣分；2处互换扣3分；能配合不能互换扣5分；无法配合不得分	8		
		(58 ± 0.023)mm	超差不得分	1.5		
		(90 ± 0.1)mm	超差不得分	1.5		
		$23_{-0.033}^{0}$mm	超差不得分	1.5		
2	左体	$23_{-0.033}^{0}$mm	超差不得分	1.5		
		(45 ± 0.031)mm	超差不得分	1.5		
		$25_{0}^{+0.052}$mm	超差不得分	1.5		
		2.8mm	超差不得分	1		
		$10_{0}^{+0.043}$mm	超差不得分	1.5		
		(58 ± 0.023)mm	超差不得分	1.5		
		$46_{-0.062}^{0}$mm	超差不得分	1.5		
		$40_{0}^{+0.062}$mm	超差不得分	1.5		
		$18_{0}^{+0.043}$mm	超差不得分	1.5		
		$Ra1.6\mu m$（2处）	降级不得分	2.4		
		$Ra3.2\mu m$（13处）	降级不得分	6.5		
		锐边倒角0.3×45°	42处每处0.05分	2.1		
		⊜ 0.05 A	超差不得分	2		
		三面互相垂直 ⊥ 0.05	超差不得分	3		

续表

序号	项目	考核内容	要　求	配分	检测结果	得分
3	右体	$23_{-0.033}^{0}$ mm	超差不得分	1.5		
		(45 ± 0.031) mm	超差不得分	1.5		
		$25_{0}^{+0.052}$ mm	超差不得分	1.5		
		3mm	超差不得分	1		
		$10_{0}^{+0.043}$ mm	超差不得分	1.5		
		(58 ± 0.023) mm	超差不得分	1.5		
		$46_{0}^{+0.062}$ mm	超差不得分	1.5		
		$40_{0}^{+0.062}$ mm	超差不得分	1.5		
		$18_{0}^{+0.043}$ mm	超差不得分	1.5		
		$Ra1.6\mu$m(2处)	降级不得分	2.4		
		$Ra3.2\mu$m(13处)	降级不得分	6.5		
		锐边倒角 0.3×45°	42处每处0.05分	2.1		
		⟮=⟯ 0.05 B	超差不得分	2		
		三面互相垂直 ⟮⊥⟯ 0.05	超差不得分	3		
4	十字块	$23_{-0.033}^{0}$ mm	超差不得分	1.5		
		$50_{-0.087}^{-0.025}$ mm	超差不得分	1.5		
		$20_{-0.072}^{-0.020}$ mm	超差不得分	1.5		
		$40_{-0.087}^{-0.025}$ mm	超差不得分	1.5		
		$18_{-0.059}^{-0.016}$ mm	超差不得分	1.5		
		$Ra1.6\mu$m(2处)	降级不得分	2.4		
		$Ra3.2\mu$m(12处)	降级不得分	6		
		锐边倒角 0.3×45°	32处每处0.05分	1.6		
5		执行操作规程	穿工作服,女生戴帽子,戴防护眼镜,穿防护鞋	2		
6		正确使用工量刃具	工具、量具与刃具摆放整齐	2		
7		安全生产	机床清洁,场地清洁	2		
		合　计		100		

裁判员签名：　　　　　　　　　　　　　　　　　　　　　　年　月　日

3. 选手准备工具、量具、刃具清单

序号	名　称	规　格	精度	数　量
1	立铣刀	ϕ10mm～ϕ25mm		自定
2	游标卡尺	0～150mm		1
3	深度游标卡尺	0～150mm		1
4	深度千分尺	0～25mm		1
5	外径千分尺	0～25mm、25～50mm、50～75mm、75～100mm		各1把

续表

序号	名　称	规　格	精度	数　量
6	内径千分尺	5～50mm		1
7	百分表及表座	1～10mm		1
8	胶锤			1
9	铜棒			1
10	锉刀、刮刀			自定
11	平行垫铁			自定
12	45号钢毛坯材料	2件：35mm×55mm×70mm 1件：35mm×55mm×60mm		3
13		呆头扳手、活扳手等常用工具		自定